WILD FLOWERS FROM BEIDAHUANG

北大荒野花

于宝玲 著

图书在版编目（CIP）数据

北大荒野花 / 于宝玲著. -- 重庆 : 重庆大学出版社，2021.1
（好奇心书系. 自然解读丛书）
ISBN 978-7-5689-2348-4

Ⅰ. ①北… Ⅱ. ①于… Ⅲ. ①北大荒—野生植物—花卉—普及读物 Ⅳ. ①Q949.408-49

中国版本图书馆CIP数据核字(2020)第204200号

北大荒野花

BEIDAHUANG YEHUA

于宝玲 著

责任编辑：袁文华　　版式设计：周　娟　刘　玲　何欢欢
责任校对：万清菊　　责任印制：赵　晟

*

重庆大学出版社出版发行
出版人：饶帮华
社址：重庆市沙坪坝区大学城西路21号
邮编：401331
电话：(023) 88617190 88617185
传真：(023) 88617186 88617166
网址：http://www.cqup.com.cn
邮箱：fxk@cqup.com.cn（营销中心）
全国新华书店经销
重庆共创印务有限公司印刷

*

开本：787 mm × 1092 mm 1/32 印张：15.875 字数：604千
2021年1月第1版 2021年1月第1次印刷
印数：1—5 000
ISBN 978-7-5689-2348-4 定价：98.00元

Preface 序

在我国黑龙江省东部有一个风景秀丽的地方，她就是令人心旷神怡、魂牵梦绕的北大荒。

北大荒沃野千里、物产富饶、野生观赏植物资源十分丰富。那一株株亭亭玉立的荷花，那一簇簇婀娜多姿的燕子花，那一片片在冰雪中绽放的侧金盏花，无不给人一种美的享受。

由于种种原因，北大荒一直缺少一本全面、详实介绍野花的图书，可以说《北大荒野花》一书填补了这项空白。

黑龙江省密山市八五七农场林业公司的于宝玲女士，是我的挚友，我对她的创作经历很了解，15 年来，她潜心坚持野外考察，克服了难以想象的困难，拍摄照片数万幅，全身心地投入到创作之中。坦率地说，于宝玲女士没有绚丽的专家光环，但作为一位草根学者，她能身体力行、坚持原创，给人们留下一些有价值的资料是难能可贵的，她执着忘我的精神深深地感动了我。拜读她的书稿，我仿佛看到了那一簇簇姹紫嫣红的野花，聆听了一件件浪漫唯美的故事，闻到了北大荒泥土的芳香!

《北大荒野花》是她的心著，她用精妙细腻的文笔为我们描绘了北大荒的野花，特别是在野花的排列顺序上，依照植物开花的时间先后，从春到秋，将每一种野花以叙事诗的形式向读者娓娓道来。

黑龙江省与俄罗斯接壤的边境线长达 3 045 千米，北大荒生长的野花在俄罗斯均有分布。为突出地域特色，本书花卉名称在拉丁

学名的基础上，还增加了俄文、英文译名，为促进中俄两国植物学者文化交流，也为广大俄语、英语爱好者以及外语导游等相关人员提供了参考。

《北大荒野花》一书还讲解了许多植物知识，可以作为中小学生的课外读本，也为户外旅游者及摄影爱好者辨识花卉提供了方便，也可作为植物学相关专业院校学生野外实习以及广大植物爱好者的“口袋书”。

我坚信，此书的出版，对宣传和弘扬北大荒文化将起到极大的推动作用！

周繇

2020 年 3 月

Foreword 前言

1958 年，我的父辈们——来自全国各地的 10 万转业官兵，响应党和国家的号召，怀着保卫边疆、建设边疆的豪情壮志，来到了黑龙江省小兴安岭南麓、松嫩平原与三江平原广大荒芜地区“北大荒”，传说中“棒打狍子瓢舀鱼”的地方。经过 20 世纪 60 多年几代人的共同努力，“北大荒”已变为“北大仓”，拥有 113 个大型农牧场，占有耕地 4 363 万亩，分布于黑龙江省 12 个市，总面积 5.54 万平方千米。北大荒，已经成为黑龙江垦区的代名词。

从小生活在北大荒，原野上盛开的花花草草给我们留下了太多美好的记忆。这些在自然界生长的美丽芬芳的野花，不仅给我们带来视觉上的享受，净化我们的心灵，启迪我们的智慧，还在人类生活、工业、农业和医药上具有广泛的用途。随着土地的大量开垦、生态环境的不断破坏，成片的野花已经很难看到了，有些种类已经绝迹。树立尊重自然、顺应自然、保护自然的生态文明理念刻不容缓。党的十九大报告更是指明了生态环境的重要属性和地位。我真诚地希望本书出版后能引起读者关注生态环境，倡导人们热爱自然、保护自然。

2005 年，我开始拍摄和记录北大荒野花。目前共拍摄 450 种野生花卉，从中选取 415 种，从科普的角度把它们介绍给大家。为方便识花，本书按照野花开放的季节顺序排列，四月、五月开花的列为春季野花，六月、七月、八月开花的列为夏季野花，九月、十月开花的则列为秋季野花。

《北大荒野花》记录了北大荒的风物，寄托了生活在北大荒这片土地上几代人的情感。谨以此书献给曾经战斗在这片土地上的10万转业官兵、山东支边青年以及当年上山下乡的54万知识青年，献给所有从这片土地走出去的北大荒第二代、第三代人以及至今仍耕耘在这片土地上的人们！

于宝玲

2020年3月

Contents 目录

春季野花

夏季野花

秋季野花

春季野花
spring wild flowers

侧金盏花

- 拉丁名：*Adonis amurensis*
- 英文名：Amur Adonis
- 俄文名：Адонис амурский
- 毛茛科，侧金盏花属

中学时代，学校的文学社就命名为冰凌花文学社。学校宣传窗在介绍文学社的同时，还展示了一朵冰凌花——那是一朵不大的花，花的颜色记不大清楚了，只记得花有些蔫，但仍然很可爱。更让我讶异的是，在冰雪还未消融的初春时节，却有一朵小花踏着冰雪，在严寒中悄然开放了。

冰凌花学名叫作侧金盏花，因颜色及形态似金盏而得名。侧金盏花拉丁名中的Adonis，来自希腊神话。希腊神话中美女密尔拉的儿子阿多尼斯年轻俊美，他在一次打猎中被野猪咬死，鲜血变成玫瑰花、银莲花等鲜艳的花朵。主神宙斯使他复活，他的复活象征着春天来临，万木复苏，百花盛开。的确，如果按花期排序，冰凌花也是北大荒第一朵报春的花，在三月末就开放。冰凌花的花型大，花色黄艳，用美

侧金盏花

少年阿多尼斯给它命名，可见它的美。

冰凌花花期时喜光，所以常生长在稀疏的阔叶混交林下及林缘、山坡地带。当室外有阳光及温度达到 12 ℃以上，冰凌花才能开放，否则它的花瓣将会闭合。

每年春天，我都去看冰凌花，虽然看过很多次了，可总是看不够。我曾试探着去闻冰凌花的花香，它也没有使我失望，因为它有着茉莉花一样的花香，很好闻呢。

菟葵

- 拉丁名：*Eranthis stellata*
- 英文名：Stellate Winter Aconite
- 俄文名：Весенник звёздчатый
- 毛茛科，菟葵属

菟葵

从小生活在北大荒，如今40多岁才第一次看到菟葵的花，因为菟葵开花实在是意想不到的早。四月还能看到菟葵的花，但到了五月就只能看到菟葵结的籽了。

菟葵生得矮小，高度有10厘米左右。有趣的是，它的茎是紫红色的，初长的叶子也是紫红色的，慢慢才能变成绿色，而最顶端的花萼与花瓣却白亮如雪。白色的花萼就像小白兔长长的耳朵，很具观赏性。三片裂开的小叶在花瓣的下方围拢起来，把菟葵的花衬托得愈加美丽。

我驻足细看，菟葵的茎很像绿豆芽，细嫩而充满水分。正是有了这样的茎，菟葵的花才那样水灵吧。

菟葵喜欢湿，在低洼地很容易找到它。我在野外见到它时，地面上的青草没有几棵，很多植物才刚刚冒出嫩黄色的芽，只有旁边的冰凌花开得正好。我挖了几棵菟葵回家，没想到每年春天它都早早地开花了，只是开的花比野地里小了一点，可能它还是更喜欢自然的环境吧。

菟葵

臭菘

- 拉丁名：*Symplocarpus renifolius*
- 英文名：Stunk Cabbage
- 俄文名：Связноплодник почколистный
- 天南星科，臭菘属

在黑龙江省乌苏里江流域的虎林、宝清、饶河等地，生长着奇特的臭菘，说它奇特是因为它的花与我们平时所见大相径庭：臭菘是天南星科植物，天南星科最大的特点是肉穗花序外长有一个大的苞片，叫作佛焰苞，把整个肉穗花序围起来，形成独特的造型。臭菘的佛焰苞厚度足有近 1 厘米，顶部尖尖的，就像一个洞形的壳子，罩在它的花序上，佛焰苞的颜色正如我们所食用的紫皮圆葱。就在这厚厚的佛焰苞下，有一个肉穗形的花序，花序上点缀着一些黄色的小花，好像菠萝似的。臭菘不仅外形奇特，它开花时还能发热，发热时温度比外界高出约 20 ℃，可以融化自身地表的冰雪，而且发热时更容易散发出气味，吸引昆虫为它传粉。

开花之后，它的叶子也开始慢慢生长，可以长到长约 40 厘米、宽约 30 厘米。有了这样的花和叶，老百姓给它取了个形象的名字——黑瞎子白菜。

臭菘的植株有毒，是不可以直接食用的，但有资料记载臭菘在美洲也有分布，美洲的土著居民印第安人采集它食用。如果印第安妇女发现一片臭菘后，会用草做

臭菘

标记，然后返回部落叫人来采。在这期间，如果其他部落的人也发现了，但是看到了标记，知道了有人比他们早发现，就不会去采。我很佩服印第安人的这种道义，也更佩服印第安人的智慧，他们一定是掌握了臭菘去毒的方法。去毒后的臭菘，吃起来一定很美味。

球果堇菜

- 拉丁名：*Viola collina*
- 英文名：Hairyfruit Violet
- 俄文名：Фиалка холмовая
- 堇菜科，堇菜属

堇菜是个大家族，仅黑龙江省堇菜属里就有 28 种，全国更有 124 种之多。有的堇菜还特别耐寒，在早春的四月就开花了，这样的堇菜便是球果堇菜。

球果堇菜

球果堇菜的叶片近圆形或卵形，叶的两面都长着短柔毛，因为它的果实类似球形，也被称为球果堇菜。球果堇菜的蒴果上也长着密密的柔毛，成熟时果梗通常向下弯曲，导致果实更接近地面。

我曾在山上见过几株球果堇菜，也许是早开的缘故，它的叶子还蜷缩在花下面，没有伸展开，这个时候它淡紫色的花就更加惹眼了。

前些年，我在林子边上看见过大片的球果堇菜。记得那是四月下旬，林中开花的植物并不多，这些率先开花的球果堇菜，真是让我欢喜，我不禁暗自默念——春天来了！

顶冰花

- 拉丁名：*Gagea nakaiana*
- 英文名：Nakai Gagea
- 俄文名：Гусиный лук Накаи
- 百合科，顶冰花属

如果你足够细心的话，去看冰凌花的时候，有时还会发现顶冰花，尤其是常见的小顶冰花，冰凌花刚一开放，就会见到它。

小顶冰花长得矮小，茎叶都非常纤细，好像是微缩的兰草，高度仅有 10 厘米左右，它常常与冰凌花生长在一起，也几乎同时开放。有时在路边也能看到小顶冰花，它们聚集在一起生长，看似小小的绿叶却托起无数繁花，令人刮目相看。

顶冰花与小顶冰花比起来还是容易辨识的。顶冰花的茎粗壮，根生叶宽，从远处就能看到它的叶子是灰绿色的，非常醒目。

至于少花顶冰花则更好辨识，因为它全株有毛，而且只有 1 ~ 3 朵花。这几种顶冰花的花都为黄色，花期从四月初至五月初，一个月左右。

小顶冰花

少花顶冰花

大丁草

- 拉丁名：*Leibnitzia anandria*
- 英文名：Common Leibnitzia
- 俄文名：Лейбниция бестычиночная
- 菊科，大丁草属

“五一”节前后，在山坡草地上，有时会看到一种似“小菊花”样的植物，那就是大丁草。

大丁草植株矮小，几乎与春季刚发芽的春草一样高。它的花和普通的菊科花型类似，有白色或粉红色的花瓣。其实大丁草不只在春季开花，秋季也能开花。因为大丁草是春秋两型花，秋型花看不到花瓣，所以被人注意的主要是春型花。

在植物学家的眼里，这种两型花的繁殖方式是对自然环境的有效适应。春天的花如果传粉不好，不能结果实；但秋天的花则可自花传粉，多结果实。为了繁衍后代，植物也是很拼的呦！

大丁草

早开堇菜

- 拉丁名：*Viola prionantha*
- 英文名：Serrate Violet
- 俄文名：Фиалка зубчатоцветковая
- 堇菜科，堇菜属

又是一年的春天，到处都是春的景象。路边的柳毛花开了，塔头上也长出了青青的小草。当然不能错过的，还有盛开的春花。在这春花里头，堇菜花可以说是当之无愧的“春之花”。早春时节，球果堇菜开过之后，就轮到了早开堇菜、掌叶堇菜等众多堇菜属的花了。

早开堇菜很容易见到，不知什么时候，它们就已经铺满了公路的两侧，像一条条紫色的织锦。我在这个时候遇到它们，总是把车子停下来，特意看看才肯再走，它们真是太吸引我了。

早开堇菜

紫花地丁也很常见，它与早开堇菜很相像，但也有不同之处：早开堇菜的叶子为长圆卵形，而紫花地丁的叶子为长圆披针形；早开堇菜的花大，色淡，它的距（某些植物的花瓣向后或向侧面延长至管状、兜状等形状的结构）比紫花地丁更粗壮。

紫花地丁

堇菜属里，鸡腿堇菜也同样容易见到。它的叶子心形，植株看起来更高大，通常有20厘米左右，花色淡紫或浅白，也是比较容易识别的种类。

鸡腿堇菜

堇菜属的有些种类也并非易见，比如掌叶堇菜。我看到的这株堇菜，是在兴凯大岭拍摄白头翁时无意中发现的，只此一棵孤零零地生长在山坡上，好担心来年是否还会生长出来。如果从识别的角度来看，掌叶堇菜是最容易识别的。它的掌状叶，高高擎在花朵之上，好似一把举起的伞，非常有趣。

斑叶堇菜同样是堇菜属中少见的观赏种类。除了花型美丽、花色艳丽之外，它的宽卵形叶子上有着白色的叶脉，很像家养的仙客来花的叶子，显得尤其特别。我连续数月观察它，发现它花败之后的叶子可以一直生长到十月，不像有些花在花期之后，叶子过了个把月就腐烂不见，从视野中消失了。

斑叶堇菜

奇异堇菜

还有一种奇异堇菜，它的叶肾形或广椭圆形，说它奇异就来源于它的叶形，永远成对称状卷在一起，总也打不开似的，奇异堇菜就始终伴着这无法打开的叶开花结果。奇异堇菜紫色的花，颜色稍淡，花型比其他几种堇菜都大。

深山堇菜

初春时节，如果你有机会到大自然中，还会发现深山堇菜。它的叶子有长柄，叶形近圆形或卵圆形，仔细观察它的叶片会发现叶缘有钝齿，这是它与其他种类堇菜明显不同的地方。

堇菜花在春天的田野里绽放，它小小的身影，常常被我们忽视。当它再次在我们面前，为大地铺上织锦的时候，我们总会留意到它的。

掌叶堇菜

全叶延胡索

- 拉丁名：*Corydalis repens*
- 英文名：Creeping Corydalis
- 俄文名：Хохлатка ползучая
- 罂粟科，紫堇属

早春花卉，延胡索一定是位列其中的。在野外，它与荷青花同时开放，草地上除了一片片黄之外，也会有一片片紫，那一片片紫又被串成串儿，那就是延胡索了。东北生长的延胡索多种多样，但主要有全叶延胡索、齿瓣延胡索、东北延胡索等。

我喜欢延胡索的花，它们的唇形花冠造型很别致，像一个有嘴唇的小喇叭。延胡索的花，彼此很相像，鉴别起来不太容易，但还是有规律可循的，从花冠和叶子的特征进行区分，便可以将它们分开。

全叶延胡索是延胡索当中最濒危的种类，野外很少见。它的特别之处在于它的

东北延胡索

叶子，叶子倒卵形并且大部分全缘，有时也有分裂，但常带有白色的条纹及斑点。它的花序排列稀疏，花朵个数少，多为白色或浅蓝色，而且它的外轮花瓣边缘全缘，顶端凹陷处没有突尖。

齿瓣延胡索和东北延胡索的花序排列较密，齿瓣延胡索的花序比东北延胡索的花序更加密集。除此之外，齿瓣延胡索外轮花瓣边缘有明显的波状牙齿，上瓣顶端微凹，中间有一明显突尖。东北延胡索则相反，它的外轮花瓣几乎全缘，上瓣凹处无突尖，两种区别明显。另外，根据叶子的不同，它们又分为线裂和栉裂等变型。

延胡索的花有种蜜香味，很好闻。我曾见过一种熊蜂只喜欢采它的花蜜，大概也是被它的味道所吸引。

延胡索花色鲜艳多样，我在云山农场见到过漫山遍野的延胡索花，有深浅不一的紫色，而绝大部分是白色，整个山头就像覆盖了一层薄雪。我不知道它们是怎样繁殖的，能达到那样漫山遍野的花海景观，真让我惊叹不已。我甚至有去人工繁殖它们的冲动，采些种子看看它们能不能种出来呢？如果种的话，也要种一大片才好看。

齿瓣延胡索

东北延胡索

大黄柳

- 拉丁名：*Salix raddeana*
- 英文名：Radde's Willow
- 俄文名：Ива скрытная
- 杨柳科，柳属

北国之春说来就来。无论何时到来，有两样景致我以为是必不可少的：一是塔头上冒出的青草；二是路旁开花的柳毛。

塔头是指湿地中长满青草的圆墩墩，是湿地的标志性景观。塔头在自然界的形成常常要成百上千年，甚至上万年，非常珍贵。春季来临，青草在塔头上形成的圆墩墩的造型清晰可见，等到草长莺飞的夏日，就再也看不出那可爱的圆墩墩了。塔头景观并不是到处都有，而路边开花的柳毛却随处可见，以更亲民的方式向人们做春天的告白。年少时谁没有折过一枝柳毛花呢，谁没有吹过一支柳毛笛呢。

柳毛是指柳树春季新长出的花序，在东北方言中也被称为“毛毛狗”。与杨树一样，柳树也是雌雄异株的植物，具有典型的柔荑花序，即在花序轴上生有许多常无

大黄柳

花被片的单性花，花序轴成穗状。不同种类的柳树的柳毛花在颜色与大小上也不尽相同。其中大黄柳的柳毛花最漂亮，它的花药黄色，雄花的宽度是雌花的两倍，更接近球形，看起来像一个黄色的毛球，很漂亮。大黄柳还有一个与众不同的特点，就是它的叶子卵圆形，宽度可达 5 厘米左右，不像我们平常见到的那种细长的柳叶。

柳树不易识别，它先开花后长叶，所以鉴别不同种类的柳树，还要最终确认它后长出的叶子，可是到了那时，柳花早已变了模样，变得我们又不认识了！至今我能准确识别的仅有那么几种而已。

春光易逝，我还没有来得及认识另外几种柳毛花，它们的花期就过了，我只能等待下一个春天，再去寻找其他的柳毛花！

榛

行走在山林中，对榛子树似乎已经司空见惯了，那与众不同的顶端截平的矩圆形叶子，以及幼枝叶子上偶尔带有的紫红色斑驳印记，还有八月成熟的榛果。这司空见惯的灌木榛丛，在东北我们常把它称为榛柴棵子，仿佛我们早已对它再熟悉不过了。是的，我也常常这样以为，直到有一天，我看到了榛子开花。

这是什么？成簇的、黄亮的柔荑花序从枝头垂下，像一个个吊在上面的小毛毛虫，随风摇摆——这是榛子的雄花；那是什么？长在枝头顶端或者雄花下面的深粉色的无柄小花，花瓣碎如针状，四处分散——那是榛子的雌花。它们在四月中下旬就早早地开花了，我竟然从来没有见过。

野花最懂大自然的语言，它们从来不会错过自己的花季，而我们仿佛错过了太多太多，就比如这枝榛子花！

榛

荠

- 拉丁名：*Capsella bursa-pastoris*
- 英文名：Shepherd's purse
- 俄文名：Пастушья сумка обыкновенная
- 十字花科，荠属

荠菜的名字响当当，很多人都有挖荠菜的经历，因为荠菜早春长成且开花较晚，不仅味道清新鲜美，而且供人们食用的时间稍长，是一种很好的野菜资源，长期食用荠菜有降压、治疗眩晕、贫血的功效。

有时候人们很容易把荠菜与葶苈两种植物弄混。从花色上看，荠菜开白色的花，葶苈开黄色的花；从叶子的形状上看，荠菜的叶子羽状分裂，葶苈的叶子几乎全缘或有很稀疏的小齿，区别很大。

找个晴好的天，去采一点荠菜吧，春天的味道就在这荠菜里面呢，你亲口尝一尝就知道了。

荠

梣叶槭

- 拉丁名：*Acer negundo*
- 英文名：Ashleaf Maple
- 俄文名：Клён американский
- 无患子科，槭属

春天来了，金翅雀又飞回来了，当它金属般清脆的叫声再次在枝头萦绕的时候，梣叶槭的花苞也慢慢打开了。到了四月下旬，梣叶槭的花就缀满了枝头。它的花没有花瓣，长长的花丝像一根根绣花用的彩线，一缕缕地从小枝顶端的叶前垂下来，远处观看，就像一个绑在树上的花手绢。花期过后，梣叶槭就长出了像小叉子样的果实。这个时候，我们就会把它摘下来吃，有一种酸酸的味道。因为这个小叉子样

梣叶槭

的果实还有长长的柄，我们拿它互相拉扯着玩，看看谁的更结实，不被拉断，这个梣叶槭给我们的童年增添了不少乐趣。

梣叶槭开过之后，同属的茶条枫（茶条槭）与五角枫（色木槭）也相继开花了。

梣叶槭

茶条枫　　五角枫

茶条枫的叶片看上去有三个角，其中一角有一个长尖。茶条枫可以长成 5 ~ 6 米高的乔木，看似不起眼的黄绿色小花盛开的时候，满树花香随风飘来。五角枫的叶子有掌状 5 裂，每片叶子有 5 条主脉，常被用来制作叶脉书签，很是漂亮。

茶条枫和五角枫在秋天的时候，树叶会变红。尤其是茶条枫，它的颜色鲜红，是秋赏红叶的主要树种。每年十月初，它们就红遍山野，变成我们人人爱慕的红叶了。

莓叶委陵菜

- 拉丁名：*Potentilla fragarioides*
- 英文名：Dewberryleaf Cinquefoil
- 俄文名：Лапчатка земляниковидная
- 蔷薇科，委陵菜属

莓叶委陵菜

莓叶委陵菜是北方最为常见的早春花卉之一。只要有阳光照耀的地方，莓叶委陵菜就欣然盛开，向人们传递春天的讯息。

朝天委陵菜

莓叶委陵菜因叶子酷似草莓的叶子，所以被称为莓叶委陵菜。莓叶委陵菜在委陵菜属里开花最早。其他近似种在叶、花的形状及开花时间等方面有差异。北大荒常见的委陵菜还有朝天委陵菜以及蕨麻（鹅绒委陵菜）等，它们的花期都在六月，比四五月就开花的莓叶委陵菜晚了很多。

朝天委陵菜是这几种委陵菜当中花瓣最小的，直径不足 1 厘米，整个植株高 30 厘米左右，分枝较多，是生长在我们身边最常见却又是最不起眼的。朝天委陵菜的叶形也比较杂乱，算不上好看，但它以数量取胜，分布甚广。

蕨麻

蕨麻在委陵菜属里生得有模有样，它的羽状复叶造型规律整齐，花的直径近 2 厘米，是委陵菜属里比较好看的一种。蕨麻有着匍匐的茎，在节上生根，所以蕨麻能很快地覆盖地面，成为优良的地被植物。虎林市吉祥广场的草坪上就自然生长着蕨麻，我见到它们的时候，它们已经铺满了一大片，成为草坪的新宠。

细叶碎米荠

- **拉丁名**：*Cardamine trifida*
- **英文名**：Bittercress
- **俄文名**：Сердечник трёхнадрезанный
- **十字花科，碎米荠属**

儿时我把细叶碎米荠叫作“大米花”，它小小的花蕾就像米粒一样。这些米粒般的小碎花聚成一个球形，开起团团的粉花，朴素内敛却不失娇美。

细叶碎米荠有着浅浅的粉色花瓣，看起来是那样娇嫩，令人不敢轻易触碰，仿佛轻轻一碰，它就要飘然而去。然而就是这娇嫩的粉色小花，却有着顽强的生命力。公路边、田埂旁、山坡下、树林中，到处都可以是它们的栖身之所。

不经意间，草地绿了，春天来了，粉色细叶碎米荠的花蔓延了一片又一片……

细叶碎米荠

驴蹄草

- 拉丁名：*Caltha palustris*
- 英文名：Marsh Marigold
- 俄文名：Калужница болотная
- 毛茛科，驴蹄草属

万物复苏的五月，在草地的低洼处形成了一片又一片清澈透明的水面，太阳投下的光影在水面上反射出点点的银光。就在这泛着银光的水面上，一簇簇娇艳的黄花正在盛开，它们就是驴蹄草花。

驴蹄草因其叶形似驴蹄得名。因为它长在浅水中，小时候就把它叫“小荷花”，还常把它采回家放在罐头瓶里养着，能活好多天呢。有一次我在野外，看见了几株完全淹没在水中的驴蹄草花，而驴蹄草花似乎并没有受到影响，水中开放的驴蹄草花更加朦胧如画了。

驴蹄草开花的时候，草甸中的青草还是嫩绿的颜色，配上驴蹄草娇艳的黄，再

驴蹄草

加上银色波光的映衬，真是一幅绝美的画卷。驴蹄草惹人喜爱还不止这些，真正近距离欣赏过它的人，都喜欢它那圆圆的紧包着的花骨朵。那里仿佛寄托着驴蹄草花的梦，也寄托着赏花人的梦。

白头翁

- **拉丁名：** *Pulsatilla chinensis*
- **英文名：** Chinese Pulsatilla
- **俄文名：** Прострел китайский
- **毛茛科，白头翁属**

白头翁

北大荒生长的白头翁花是紫色的，不认识它的人觉得它有点像黑郁金香，恐怕很少有人会想到它有一个老气横秋的名字——白头翁，因为它的果实成熟时宛如老翁的白色发丝，故而得名。

还有一种朝鲜白头翁，它与白头翁最显著的区别是花的颜色，朝鲜白头翁的花暗紫红色或酒红色，花开之后花朵全部下垂。

美丽的白头翁，全株有毒，人误食后会导致呼吸困难、腹痛、腹泻，严重者可死亡，但它同时又是很有名的中药，可以凉血止痢，对细菌性痢疾有效果。

朝鲜白头翁

掌叶蜂斗菜

- 拉丁名：*Petasites tatewakianus*
- 英文名：Palmate Butterbur
- 俄文名：Белокопытник Татеваки
- 菊科，蜂斗菜属

“五一”节还没到，掌叶蜂斗菜早早就在林中盛开了，它独特的造型和濒危的数量在众多野花中显得弥足珍贵。

掌叶蜂斗菜是菊科蜂斗菜属植物，在黑龙江只有这一种。掌叶蜂斗菜的花序为头状伞房花序（其上着生的花序柄不等长，每个花序柄上生有头状花序）。掌叶蜂斗菜的花冠淡白色或白中夹杂着淡紫红色，开花的时候株高只有 20 厘米左右，花

掌叶蜂斗菜

朵细碎，并不好看，吸引人的是它越长越大的叶子。我六月再次见到它的时候，它已经是近 1 米高的大块头，而且它的叶宽也有 50 厘米了。

掌叶蜂斗菜在黑龙江稀有，能看见它已经很不易。饶河农场的植物爱好者赵玉涛最初发现了它，并且至今还没有听说在其他地方被发现。这个难得的发现让我驱车 200 余公里，最终见到了它。对痴迷植物的我而言，这个辛苦不算什么。

我只想说：蜂斗菜，后会有期！

葶 苈

- 拉丁名：*Draba nemorosa*
- 英文名：Woolly Draba
- 俄文名：Крупка дубравная
- 十字花科，葶苈属

葶苈的株高 5 ~ 10 厘米，虽然矮小，但它黄艳的花色却很打眼。几乎每个生长在黑龙江的人都见过它，只是不知道它的名字而已。

公路旁边的其他野花被作为杂草铲掉，然而葶苈却顽强地存活下来。刚一入春，葶苈就倏地开放了。它们的数量惊人，把道路两旁都变成一条条黄色的缎带。看似不起眼的葶苈，却不经意间成了路边的一道风景，给出行的人们带来意外的惊喜！

葶苈

紫苞鸢尾

- 拉丁名：*Iris ruthenica*
- 英文名：Dwarf Purplebract Iris
- 俄文名：Касатик русский
- 鸢尾科，鸢尾属

识别鸢尾花，最好先认识它的构造。当一种花卉的萼片和花瓣长得很像而无法分辨的时候，我们将萼片和花瓣合称花被片——鸢尾花就是这样的植物。鸢尾花有两轮花被，每轮各 3 个花被片。最外面一轮平展并且宽大的部分为它的外花被片，上面常带有不同颜色的网纹及斑点。中间向上直立的部分为它的内花被片，长在内外花被片之间的 3 个细长棱状部分是鸢尾花的柱头。

紫苞鸢尾，又叫矮紫苞鸢尾，它的花（外花被片）具有蓝紫色及白色斑点，这使它在鸢尾科植物里很特别，也因此容易识别。另外它的花茎不高，只有 5 ~ 10 厘米，也因此得名。

紫苞鸢尾

没见过紫苞鸢尾前，以为鸢尾科植物都是喜湿，生长在沼泽附近，见到紫苞鸢尾花后，才知道鸢尾花也能耐干旱，生长在山坡上，真是让我长见识了。看来，没亲眼见到的事物，绝对不能轻易下结论。

紫苞鸢尾

兴安杜鹃

- 拉丁名：*Rhododendron dauricum*
- 英文名：Dahurian Rhododendron
- 俄文名：Рододендрон даурский
- 杜鹃花科，杜鹃属

兴安杜鹃一般在“五一”节前后开花，在黑龙江全境几乎无人不识，因为它多半开在秃山上，只要视野所及，便很容易看得到，所以被很多人误以为是黑龙江第一朵报春的花，其实它比侧金盏花晚开了近一个月。

兴安杜鹃的生命力极强，在贫瘠的砾石土上都可茂盛生长。兴安杜鹃是高 1 ~ 2 米的灌木，开花的时候满山都是粉色的，真是海洋般壮阔。走近看，兴安杜鹃更是富丽堂皇。它的花朝向各个方向，密密麻麻地聚在一起，一个花枝就有数朵花。当然，它的花姿更是飘逸，10 个弯翘的雄蕊从花瓣当中秀出来，那艳丽的紫粉色花瓣边缘似波浪般起伏，花瓣质地更是柔软如缎。随着开花时间的差别，每一株兴安杜

兴安杜鹃

兴安杜鹃

鹃都呈现出深浅不一的粉色。兴安杜鹃还有罕见的白色花，看惯了粉色的兴安杜鹃，突然遇见了几株白色的，还真是惊喜呢。

大概是因为美丽而又不能用作木材，所以山上原先和它伴生的柞树（蒙古栎）被砍光了，而顽强的兴安杜鹃却在这秃山上花开年年。兴安杜鹃被朝鲜族称为金达莱，东北的许多朝鲜族餐馆都以它的名字命名。

兴安杜鹃在黑龙江的最佳观赏日期为每年四月中旬至五月中旬，开花时间随气候的变化而不同，若黑龙江的最后一场大雪来得较晚，那么兴安杜鹃的花期则相应延迟，到黑龙江看此花的朋友可以稍加留意。

三花洼瓣花

- 拉丁名：*Lloydia triflora*
- 英文名：Threeflower Lloydia
- 俄文名：Ллойдия трёхцветковая
- 百合科，洼瓣花属

我在早春的田野里，看见开白色的像顶冰花一样的花，很是新奇，不知它们是什么，后来知道它们就是三花洼瓣花。三花洼瓣花长得很有特点：它的每个白色花瓣都有 3 条绿色脉纹，从花瓣背面看就更加明显；每株花都在茎的顶端长着 3 朵花，很好辨识。野外它的数量较少，但生态保护好的地方，就能成片开放。

三花洼瓣花的花期较长，能从四月末开到五月末，近一个月的时间，越到后期开得越粗壮，从绿草地中一眼就能看出来。

三花洼瓣花

黑水银莲花

- **拉丁名**：*Anemone amurensis*
- **英文名**：Amur Anemone
- **俄文名**：Ветреничка амурская
- **毛茛科，银莲花属**

黑水银莲花

北大荒的五月，白色的银莲花已经迫不及待地在林中绽放了。这个时候早生的植物并不多且还没有长高，此刻的树林是稀疏的，一眼望去并无障碍。幸运的话，即使从急速行驶的车窗望出去，也能看见林中空地被一片片白花占据着，这些成片生长的白花大都是某种银莲花，它们的花期都比较早。

北大荒常见的银莲花属植物主要有黑水银莲花、阴地银莲花、二歧银莲花以及乌德银莲花等，它们的花都很相像，但还是有区别的。

黑水银莲花在所有银莲花当中开花最早。我们看到的银莲花的“花瓣”，实际上是它的萼片，称之为花瓣也未尝不可。黑水银莲花的白色花瓣状萼片长椭圆形，叶片近三角形全裂，各裂片又有深裂；阴地银莲花的花瓣卵圆形，叶片

阴地银莲花

二歧银莲花

乌德银连花

卵状三角形，不明显三浅裂，与黑水银莲花相区别。

二歧银莲花及乌德银莲花比较容易识别。二歧银莲花由于喜光，它在公路旁或林缘处能大片生长。它的花序有 2 ~ 3 回歧状分枝，花瓣状的萼片背面粉色，正面白色，花期稍长。乌德银莲花又称大叶银莲花，它的叶片倒卵形，三全裂。它喜阴，当阳光直射的时候，叶片全部萎蔫。

银莲花植株矮小，花期早，花色淡雅清秀，有些种类已经被培养成园林观赏植物。北大荒的银莲花也很美丽，只可惜它们的花期太短，想要培育成园林品种，还是要等些时日吧。

北京堇菜

- 拉丁名：*Viola pekinensis*
- 英文名：Peking Violet
- 俄文名：Фиалка пекинский
- 堇菜科，堇菜属

堇菜花除了开紫色花之外，还有开白花和黄花的。开白花的种类并不多，北京堇菜与白花地丁便是其中之一。

北京堇菜的叶子宽卵形或心形，边缘有钝锯齿。白花地丁的叶子长圆状披针形，边缘有稀疏的锯齿或近全缘，与北京堇菜相区别。

开黄花的堇菜最常见的是大黄花堇菜。它的黄色大花，艳丽而奔放。堇菜属的双花堇菜也是黄色的，很容易与大黄花堇菜弄混。鉴别它们的主要特征除了黄色花瓣之外，还要看它们的叶子。大黄花堇菜的叶子广卵形，先端渐尖，茎生叶通常 3 枚，而双花堇菜的叶子肾形，先端圆形。

大黄花堇菜

白花地丁

受生境的限制，开白花的北京堇菜、白花地丁以及开黄花的大黄花堇菜的数量都很少，不像早开堇菜、东北堇菜那样多。

我在八五六农场八队附近的公路旁，看见了正在盛开的北京堇菜。只可惜它们生长在公路旁，可能要被剪草的养路工人剪掉。几日过后，我再次路过北京堇菜生长的地方，却找不到它们了。它们正像我担忧的那样被剪掉了！唉，心里真是难过啊，好在它们的根还在，来年又可以再次开花。

五福花

- 拉丁名：*Adoxa moschatellina*
- 英文名：Muskroot
- 俄文名：Адокса мускусная
- 五福花科，五福花属

五六月，在北大荒的山林中，不仅有成片的银莲花，还有静静开放的五福花。五福花对环境的适应能力强，在任何一片山林里几乎都能发现它，而且它们总是长成一小片。只不过它们生得太过渺小，很少有人注意到。

第一次看到五福花是在八五六农场的大青山，也不过是两三年前的事情。五福花的样子很有趣，长长的花柄顶端长着五朵黄绿色的小花，东南西北每个朝向各一个，另外一个在顶端朝着天空的方向，我猜想五福花大概就是缘于五朵花的方向而命名的吧。如果观察细腻，还可看见侧面四个朝向的花的花冠有 5 个裂片，而顶生的花冠只有 4 个裂片。

自然界的花朵真是千奇百怪，一朵花也存在着微小变化，考验着我们观察自然的能力，让我们在微小的变化中感受着大自然的奇趣。

五福花

狼毒大戟

- 拉丁名：*Euphorbia fischeriana*
- 英文名：Fischer Euphorbia
- 俄文名：Молочай Фишера
- 大戟科，大戟属

大戟科的植物一般都是有毒的，“狼毒大戟”的名字更是对它的毒性一语道破。小的时候听大人这样叫它，所以对狼毒大戟一直有一种恐惧感。看见它的时候，就远远地躲着，生怕有什么闪失。其实，只要皮肤不碰到它的汁液，不去误食它，是不会被毒到的，至于它为什么和狼扯上关系，却不得而知。

北大荒常见的大戟属植物主要有狼毒大戟、大戟、林大戟、乳浆大戟等。这几种大戟都是早春植物，花期都在五月。

大戟

林大戟

狼毒大戟茎粗壮，大部分叶子和苞叶都是轮生的，容易识别。

大戟和林大戟的叶子都是互生的，不同之处在于林大戟最上部花序的苞叶有3个，而大戟最上部花序的苞叶有2个。另外，大戟苞叶及小苞叶的颜色偏黄，林大戟的苞叶及小苞叶却是绿色的。

乳浆大戟，又称猫眼草，它有2枚肾形的苞叶，围成圆溜溜的一圈，与其他大戟很不一样。

乳浆大戟

毛金腰

- 拉丁名：*Chrysosplenium pilosum*
- 英文名：Hairy Goldsaxifrage
- 俄文名：Селезёночник волосистый
- 虎耳草科，金腰属

每年五月上旬，毛金腰就会盛开在林中的低洼地带，因为喜欢湿润的环境，它生活的周围经常会有积水，很少有人踏入它的领地，所以见到它并非易事。

毛金腰是种很可爱的观赏花卉，绿绿黄黄的颜色，它的花萼半合生，像写意的方形玫瑰，通常七八朵簇拥在一起。毛金腰的茎叶都密生柔毛，所以称为毛金腰。北大荒还有一种五台金腰，它的茎叶都是光滑无毛的，它的萼片形成平面，没有毛金腰那样立体。另外，它们两者还有一个明显区别：毛金腰的叶子是对生的，而五台金腰的叶是互生的。

五月初的一天，我去离家不远的方山林场寻花，在林中的小径上，看到了大片的毛金腰，那金灿灿的花已经把小径都染成黄色的了，真是美啊！

五台金腰

北重楼

- 拉丁名：*Paris verticillata*
- 英文名：Verticillate Paris
- 俄文名：Вороний глаз мутовчатый
- 藜芦科，重楼属

北重楼有着诗意的名字，它的样子也很特别。北重楼高 10 ~ 30 厘米，整体看来更像一棵漂亮的草。一眼望去，常常看不出它的花，它青翠的倒卵状披针形叶子却很入眼。它的叶子共有 2 轮，上小下大，下面的常常有 7 枚轮生在一起，所以重楼又叫作七叶一枝花。上面的叶子，通常 4 枚，其实它也不是真正的叶子，只是像叶子一样的花被片，花被片里面还有一轮黄绿色条形的内花被片，好似针状的长须，下弯在外花被片的下面，要仔细找才能看见，把它当作花瓣来看，可能会更有趣味。

北重楼在黑龙江储量丰富，通常大片生长。北重楼的根茎不像南方的重楼那样粗大，所以入药用的重楼主要是南方的，可以治疗毒蛇咬伤，它是主治蝮蛇咬伤的季德胜蛇药片最主要的成分。

北重楼

深山毛茛

- 拉丁名：*Ranunculus franchetii*
- 英文名：Franchet Buttercup
- 俄文名：Лютик Франше
- 毛茛科，毛茛属

黄色的深山毛茛，是我见到的花瓣最亮的花了，这也是毛茛属植物的花瓣共有的特征。毛茛的英文“buttercup”，直译过来就是黄油杯，倒是很符合毛茛属植物花瓣的特点——油光锃亮，像涂了黄油一般，也正是这种特征，让我一下子记住了许多种毛茛属的植物。深山毛茛的植株并不高，只有10厘米左右，比较矮小，却是早春林中亮眼的花卉之一，很容易识别。

毛茛的分布范围几乎遍及全国，数量也相当多，田野、路旁、林缘等地，到处可以见到它的踪影。毛茛株高50厘米左右，花瓣同样鲜黄油亮。辨别毛茛本种要看它的基生叶和下部的叶子，毛茛的叶子有3深裂但不达基部，另外它的聚伞形花序比较疏散。

毛茛

秋子梨

- 拉丁名：*Prunus ussuiensis*
- 英文名：Ussuri Plum
- 俄文名：Слива уссурийская
- 蔷薇科，梨属

“忽如一夜春风来，千树万树梨花开”，这是唐代诗人岑参在《白雪歌送武判官归京》中描写塞外大雪纷飞的诗句，把胡天大雪比喻为梨花盛开。的确如此，白色的秋子梨花远看总是一团团的，如同枝头堆积的雪团，每个白色花瓣上还有裂口，使得整个花团显得更加柔美了。

秋子梨常生长在林缘、山坡等处，黑龙江各地都有分布，但数量上并不多。秋子梨的花与叶同时开放，进一步确认秋子梨还要看它的花药，它的花药是紫色的，与众不同。

我家到母亲家途中的路上，就长着一棵秋子梨。每年春天，我都看见它花开花落，我喜欢有梨花的春天。

秋子梨

荷青花

- 拉丁名：*Hylomecon japonica*
- 英文名：Japanese Hylomecon
- 俄文名：Лесной мак японский
- 罂粟科，荷青花属

我喜欢在林中漫步，就是因为喜欢那些兀自开放的野花，它们总是给我太多的惊喜。如果能见到又大又靓丽的野花，更是喜出望外。我在五月的早春，看到成片的荷青花时，就是这样一种感觉。

荷青花的花瓣较大，金黄色，如鸡蛋黄一般，俗称鸡蛋黄花。荷青花很挑剔生长的环境，一定是长在物种较多、没有遭到破坏的山林。我见过的最大一片是在虎林市石青山的山坳间，那盛开的荷青花像一个金黄色的地毯，铺满了整个山坳，我望着它们，久久不愿离去。

荷青花虽然漂亮，但全株有毒，它的植株含有艳丽的橘红色乳汁。荷青花有 4

荷青花

荷青花

枚花瓣，对称分布，看起来简简单单的却又令人过目不忘。看荷青花让我明白了一个道理——简单也是一种美！

活血丹

- 拉丁名：*Glechoma longituba*
- 英文名：Longtube Ground Ivy
- 俄文名：Будра длиннотрубчатая
- 唇形科，活血丹属

北大荒的春天，草地长满了五颜六色的小花，它们铺在草地上，把草地都变成花毯了，活血丹便是这样一种小花。

活血丹具有匍匐的茎，茎上有节，每个节上都能生根，使它能迅速爬向其他地方，所以常常可以看到连片的活血丹。活血丹的花是生在叶腋间的，仔细看就会发现它的唇形花冠的下唇有着深紫色的斑点，把活血丹装扮得俏皮可爱。

活血丹的全草可入药，可治疗胆囊炎、脂肪肝等症，嫩苗还可食用，真是一株有益的野草啊！

活血丹

珠果黄堇

- 拉丁名：*Corydalis speciosa*
- 英文名：Beautiful Corydalis
- 俄文名：Хохлатка прекрасная
- 罂粟科，紫堇属

珠果黄堇最愿意与人类交朋友，房前屋后、开荒空地、石砬子地、公路、铁路旁的沙质地，几乎每个角落都能看见它。

珠果黄堇株高 20 ~ 60 厘米，茎常呈现紫色。它的花顺着中间的花茎，密密地开着数十朵唇形花冠，那艳艳的黄总能瞬间引起人们的注意。

黄堇跟珠果黄堇十分相似，以至于被我忽略了很多年，直到去年才发现两者并非一种。

黄堇

说它们相似，确实如此，我经过反复对比才把它们区分开来。从花的区别来看，黄堇的花冠大，颜色稍淡且花序排列稀疏；而珠果黄堇的花冠小，颜色金黄且花序排列紧密；从叶的区别来看，黄堇的最终裂片倒卵形，而珠果黄堇的最终裂片趋于线形。另外，黄堇的植株矮小，少分枝。如果野外见到它们，不妨区分一下，也是一件很有趣味的事。

较黄堇而言，我对珠果黄堇更是喜爱。早春时节，能像珠果黄堇这样成片开放而又色彩艳丽的花并不多见。多年前的“五一”劳动节，我们全家去大青山踏青，遇到一大片正在盛开的珠果黄堇，叫人只想坐在它们中间，与这些美好的花儿

珠果黄堇

一起留影。若干年后，我们再去这片花海的时候，已经杳无踪迹，山坡因为打石头的缘故，已经变成了一个大坑了，真是遗憾。

现在每当见到珠果黄堇，我都会在心里默默地祝福着它们，感谢它们给予我的那个美好的春日，那个幸福的时刻！

汉城细辛

- **拉丁名：** *Asarum sieboldii*
- **英文名：** Siebold Wildginger
- **俄文名：** Копытень Зибольда
- **马兜铃科，细辛属**

我们这里的林中长着一种名为汉城细辛的植物。很多人都知道细辛是一种药用植物，它的全草入药，有祛风、驱寒的功效，但细辛长什么样子，就不一定能说得清楚了。我初见汉城细辛时，没想到它长得还真有点特别。

汉城细辛

汉城细辛花更像是直接从土里钻出来的，有独立的茎叶，在茎端长着 2 ~ 3 片叶子。与普通细辛不同的是，汉城细辛的叶子背面长着密密的毛，它的花冠紫黑色管钟状，顶端有 3 个宽卵形的裂片，直径只有 1 厘米左右。

我最近几年多次读到关于像细辛这类马兜铃科植物的报道，大意是这类植物所含的马兜铃酸会对人的肾脏造成极大的伤害，现在应该已经很谨慎使用了。

银线草

- 拉丁名：*Chloranthus japonicus*
- 英文名：Japanese Chloranthus
- 俄文名：Хлорант японский
- 金粟兰科，金粟兰属

4 枚大大的绿色叶片中央升起一棵独立的花茎，密密匝匝的白色线状花序围绕其周围，这就是可爱的银线草花。

银线草花如其名，那密密的白色花瓣如段段银线，装点在花茎周围。未完全开放之前，银线草就像一个个直立的小伞，包裹着中间白色的小花，竟显得有几分神秘。

银线草的花有香味，花朵开败以后，叶子还是绿绿的，用作观赏花卉还是很不错的。

银线草

砂珍棘豆

- 拉丁名：*Oxytropis racemosa*
- 英文名：Sandliving Crazyweed
- 俄文名：Остролодочник ханкайский
- 豆科，棘豆属

在密山市兴凯湖湖岗的沙滩上，生长着一种棘豆属植物——砂珍棘豆。我在一个朋友的照片里，见过一大片盛开着紫粉色砂珍棘豆的沙滩，真是漂亮极了！仔细观察它，发现它的花期也很长，从四月末一直能开到八月。

生长在沙滩上的植物，一定有其特殊的本领，砂珍棘豆也不例外。它的根系发达，长达20厘米的根能在沙子下面轻易获得水分。它的叶子轮生，每轮4～6个，颜色灰绿，叶形像松树的针叶一般。我想这也是它为了减少水分蒸发，多年来进化的结果吧。

砂珍棘豆

由于这些年兴凯湖水很大，岸边的沙滩被冲击得只剩下一小部分，砂珍棘豆也逐渐消失了，真是令人心焦。

去年春天，我去兴凯湖的途中路过一个农家，在他家的院落里发现了一小片砂珍棘豆，主人说是因挖沙无意中带过来的。我嘱咐他把这片砂珍棘豆保护好，我会再来采些种子，把它繁殖起来。若让这么美丽的物种在我们这里消失，那可真是太遗憾了。

笔龙胆

- 拉丁名：*Gentiana zollingeri*
- 英文名：Zollinger Gentian
- 俄文名：Горечавка Цоллингера
- 龙胆科，龙胆属

笔龙胆完全颠覆了我对龙胆属植物的概念，我原以为龙胆花都是秋季开放的，因为北大荒常见的几种龙胆都是在九月开花，没想到还有这样一种龙胆，在五月上旬就在山坡或林缘地带开花了。

笔龙胆花型秀丽，但植株非常矮小，只有5厘米左右。笔龙胆喜光，如果没有阳光的照射，笔龙胆的花瓣瞬间闭合，一下子就会从草丛间消失，就像在和你躲猫猫，而输的人一定是你，因为笔龙胆太娇小了，不见了紫色的花瓣，笔龙胆就像一棵普通的小草，隐匿在漫山遍野的草地中，再也找不到它了……

笔龙胆

红花变豆菜

- 拉丁名：*Sanicula rubriflora*
- 英文名：Redflower Sanicle
- 俄文名：Подлесник красноцветковый
- 伞形科，变豆菜属

北大荒的春天，总是姗姗来迟。除了四月早开的极少数野花之外，五月才算真正迎来北大荒的春天。红花变豆菜也跻身于这个行列，赶在五月开放。

红花变豆菜的叶子像鸡爪一样裂开，粗糙的叶子以及叶缘的锯齿又与芹菜相似，所以被称为鸡爪芹。它们的花也很有趣：长长的花梗从叶子中间长出来，常常是3个，中间花梗的长度总是高过旁边的两个，小伞形花序在花梗的顶端形成一个小球，只可惜它紫红的颜色太深了，要不然红花变豆菜也是相当悦目的。

红花变豆菜也是一种可以食用的野菜，我至今还没有吃过，不知它的味道是否与芹菜相似呢？明年一定采些尝尝，不能总是臆想啊。

红花变豆菜

东北南星

- 拉丁名：*Arisaema amurense*
- 英文名：Amur Jack-in-the-pulpit
- 俄文名：Однопокровница амурская
- 天南星科，天南星属

在自然界中，绿色的花并不多见，东北南星就是这样少见的绿色花。当我第一次在兴凯湖自然保护区见到绿色的东北南星，真是万分惊讶，自然界里还有这样的花啊！

东北南星是天南星科天南星属的植物，所以它也长着佛焰苞。它的佛焰苞长约 10 厘米，好像一个上大下小的管状漏斗，上面纵生着白绿相间的条纹，所以远看就是绿色的花。秋季，东北南星的浆果在九月末变成鲜红色，在林中绿色植物大多枯萎时尤为突出。

美丽的东北南星却是一种有毒的植物。野外见到时，不要用手摘它的叶子、花朵及果实，更不能吃。当我们在野外见到不认识的植物，我们都要避免皮肤、眼睛与其直接接触，更不可随意放到嘴里尝它的味道，以免造成意外的伤害。

东北南星

平贝母

- 拉丁名：*Fritillaria ussuriensis*
- 英文名：Ussuri Fritillary
- 俄文名：Рябчик уссурийский
- 百合科，贝母属

喜欢平贝母，也一下子记住了它的花名，它那漂亮的枣红色钟形花冠真是夺目。

平贝母株高 50 厘米左右，它的茎，尤其是上部的茎及叶经常是卷曲的，所以我总是看见它搭在别的植物之上，然而在这纤细卷曲的茎叶上却能开出直径近 2 厘米的大花来，有些超出我的想象。

平贝母的花冠颜色略显复杂，花被里面颜色亮丽，有枣红色兼黄色方格状斑纹，花被外面的颜色就像是从里面透出来的，如同隔了一层蜡纸，看起来有些模糊。平贝母每个花被片的边缘还有一抹艳丽的黄色，平贝母看起来也不寻常啊！

平贝母

平贝母

东北杏

- 拉丁名：*Armeniaca mandshurica*
- 英文名：Manchurian Apricot
- 俄文名：Абрикос маньчжурский
- 蔷薇科，杏属

最近几年，人们的生活越来越悠闲了。在悠闲的生活当中，人们开始寻找各种各样的乐趣，去郊外赏花变得流行起来。每年五月，只要有满山杏花开放的地方，就会吸引大量的游客前来赏花。

东北地区的杏树称为东北杏，它先花后叶，开花的时候，它的绿叶还没有长出来，整个枝头都缀满了淡粉色的杏花，老远就能看见一树粉。走到近前，能看到它的树干暗灰色，上面布满了深深的裂纹，好像饱受风霜的洗礼。这样的枝干可以直接长出花枝，开出娇嫩艳丽的杏花，真是令人惊叹啊！到了秋季，东北杏的叶子变成艳丽的橘黄色，完全不同于其他观叶树木，别有一番风韵。

东北杏

东北杏

东北杏能长成高大的乔木。密山市兴凯湖的湖岗旁有很多东北杏，有十里杏花之景。其中的几株东北杏，树高及树冠可达 10 余米，估计树龄有百年之久。

我第一次去湖岗观赏杏花时，因为赏花的人太多，湖岗的路被堵得水泄不通，当我步行走到那几株高大的杏花树前，真的是被震撼到了！那巨幅的树冠，完全超出了我的想象。我请人为我在树下留影，作为永久的回忆。

接骨木

- 拉丁名：*Sambucus williamsii*
- 英文名：Williams Elder
- 俄文名：Бузина Вильямса
- 五福花科，接骨木属

接骨木这个名字真是特别。虽然不知它接骨的效果如何，但它却是一种古老的药用植物，可以治疗风湿、坐骨神经痛。

接骨木生有若干对奇数羽状的叶子，叶子较大，叶缘还有细细的锯齿。接骨木的花序呈圆锥形，开满白色及黄色的细密的小花，远看只是黄黄的一团，观赏价值不高。最有观赏价值的应该是它的果实，在七月初的时候就变成了鲜艳的大红色，随着逐渐成熟，果实又变成最终的紫黑色。

在欧洲，人们采集接骨木的花食用或药用。接骨木的花有香味，可以泡茶或剁碎后加入果酱与馅饼一起食用。新鲜的或干的花加入开水泡茶，对感冒、咳嗽都有

接骨木

很好的疗效，对治疗风湿、腰痛也有效果。

接骨木繁殖得很快，用种子繁殖，但三年以后才可以开花。它的种子八九月成熟，我们在郊外遇到接骨木结籽的时候，可以采集起来，种植几棵试试，待它开花结果，用它泡茶来喝的时候，是不是很美呢！

石龙芮

- **拉丁名：** *Ranunculus sceleratus*
- **英文名：** Poisonous Buttercup
- **俄文名：** Лютик ядовитый
- **毛茛科，毛茛属**

石龙芮

兴凯湖大湖岸边的湿草甸旁，生长着许多水生植物，石龙芮也生长在这里。石龙芮是广布种，全国各地都有分布。它通常在江河两岸、湿草地以及浅水的污泥中生长，如果你在这些地方用心寻找，也许就能找到它。

兴凯湖岸边的石龙芮五月中旬就可以开花。石龙芮是毛茛科毛茛属植物，有着毛茛属植物的共同特点：黄色的花、花瓣和萼片都是5枚，并且分离。《黑龙江省植物志》记载的毛茛属植物共21种，其中19种都以某毛茛命名，而石龙芮直接从拉丁文“sceleratus”音译过来，拉丁文“sceleratus”的含义为“伤害”或“邪恶”，英文或俄文的译法都把石龙芮直译为“有毒的毛茛”，这样翻译直接揭示石龙芮这种植物有毒的特征。石龙芮全草含原白头翁素，有毒。汁液与皮肤接触，可诱发皮炎，误食则可产生口腔灼伤起泡、剧烈腹泻、恶心呕吐及四肢麻痹等中毒症状。这样一株毒草却是一种药用植物，鲜草捣烂可治痈肿疮毒、毒蛇咬伤等。

石龙芮

天仙子

- 拉丁名：*Hyoscyamus niger*
- 英文名：Black Henbane
- 俄文名：Белена чёрная
- 茄科，天仙子属

天仙子

徜徉在八五八农场千岛林景区的路上，忽然看见路旁有一株我从没见过的植物，正值它的花期。那花是黄色的，整株花瓣布满像叶脉一样的网纹，最底部有一圈深紫色，还算得上漂亮。从花朵的特点上，可以判断出它是某种茄科植物。没错，查找资料后，知道它就是天仙子，也叫莨菪，是茄科天仙子属植物。

虽然拥有一个美艳的名字，但它却是不折不扣的有毒植物，而且散发出一种熏人的臭味，似乎在警告人们远离它。天仙子的有毒成分为莨菪碱，误食可以致幻甚至死亡，但它的种子可入药，具有定痫、止痛的功效。

天仙子五月开花，六七月结果。花期过后，整个植株干燥枯萎，实不欲多看一眼。虽不能成为观赏植物，天仙子却是很好的药用植物，这就是物尽其用、天生我材必有用的道理吧。

樱草

- 拉丁名：*Primula sieboldii*
- 英文名：Siebold Primrose
- 俄文名：Первоцвет Зибольда
- 报春花科，报春花属

山坡的草儿绿了的时候，我们就提着小篮子一蹦一跳地向田野出发。那粉艳的樱草是否已经开了呢？也许它们此刻也正惦念着我们呢！樱草总是伴随着童年的记忆，与我欢乐的童年连结在一起。有过北大荒生活经历的人，也一定记得樱草，它那绚丽耀眼的粉色花朵，瞬间就会俘获我们的心灵。

樱草是报春花科报春花属植物，也叫翠南报春。它的株高 20 厘米左右，叶子全部从基部长出。因为叶子上布满了毡毛，所以整个叶片看起来毛茸茸的。樱草的花葶就从这些毛茸茸叶子中间伸出来，在顶部形成一团伞形的花。虽是报春花的一种，其实樱草开花并不早，在我们这里要到五月中下旬才是盛花期。在欧洲阿尔卑斯山上也生长着大片樱草，它的美艳也同样诱人，许多诗人都在诗歌中吟诵它。

樱草

箭报春

北大荒还有一种箭报春，它的叶丛较小，开出的花在顶部集成球形，很容易识别。在野外，箭报春的数量比翠南报春要少得多，我找寻数年都没找到。今年春季，我在云山农场意外地发现了箭报春，更让我欣喜的是，它还散发出浓郁的花香，真是美醉了！

山 楂

- 拉丁名：*Crataegus pinnatifida*
- 英文名：Chinese Hawthorn
- 俄文名：Боярышник перистонадрезанный
- 蔷薇科，山楂属

我们在野外游玩的时候，总能看见一些叶形很特别的树，它们开的花朵也是那么靓丽，让人发自内心地喜爱，山楂树就是这样的树。

小时候，常在收音机里听到 20 世纪 50 年代苏联歌曲《山楂树》——“哦，那茂密的山楂树，白花开满枝头……”每当耳畔响起这样的歌声，总是让我感到温馨而快乐。长大后，我认识了山楂树，那羽状深裂的叶子，那娇嫩的白色花瓣，让我一见倾心，山楂树真的是漂亮啊！

山楂

我们这里还有一种毛山楂，它与山楂很像，叶子开裂得不像山楂叶那样深，叶子正反两面都有柔毛，两者还是比较好区别的。

每年五月，每当山荆子开放的时候，也是山楂与毛山楂的花季。我在这个时候走向它们，耳畔间总是荡漾着那句——“哦，那茂密的山楂树，白花开满枝头！”

毛山楂

山楂

舞鹤草

- 拉丁名：*Maianthemum bifolium*
- 英文名：Twoleaf Beadruby
- 俄文名：Майник двулистный
- 天门冬科，舞鹤草属

不知什么时候，拂面的春风就来了，森林里的野花一下子就怒放了。那些像是来赶场子的春花，都有一个共同的特征，不管你看不看得见它，它们都从不缺席这场春天的盛宴。我也同样不想缺席这样的盛宴，在五月里走入这春日的森林，想一睹它们的风采。

我在森林里最先发现了舞鹤草，它们已经形成了群落。别看它们长得矮，但依旧迷人，因为它们的样子就像跳舞的仙鹤，它的两片叶子，就像仙鹤展开的翅膀；它的白色花序，就像仙鹤颀长的脖颈。舞鹤草在草地里跳得正欢呢！

就在舞鹤草的旁边，有银莲花、毛蕊卷耳、山黧豆，还有樱草，更不用说木本

舞鹤草

的山楂树、绣线菊，它们都恣意地开着，到处都是灿灿的春光。

又很久没有来这片舞鹤草的森林了，你们还在那里跳舞吗……

山 芥

- 拉丁名：*Barbarea orthoceras*
- 英文名：Erecttop Wintercress
- 俄文名：Сурепка пряморогая
- 十字花科，山芥属

山芥一眼看上去很像沼生焯菜，它们都开着黄色的花，株高也基本等同。再仔细看还是有一些区别的。山芥的花全都是顶生的总状花序，花比沼生焯菜要大一些，但它们最主要的区别还是叶子：山芥的叶子顶部的裂片大且先端钝圆，沼生焯菜的叶子顶端是细细尖尖的样子。

山芥通常在五月中下旬开花，花期长达一个月。山芥不太常见，很难看见它们大片生长，而我在与中国一江之隔的俄罗斯滨海边境区 M60 公路旁，却幸运地看到漫山遍野的山芥，整个山丘都被它们占据了。在路边加油站的花坛里，俄罗斯人直接将它作为观赏花卉，任人观赏。

山芥

东北堇菜

- 拉丁名：*Viola mandshurica*
- 英文名：Manchurian Violet
- 俄文名：Фиалка маньчжурская
- 堇菜科，堇菜属

堇菜属里，我最喜爱的是东北堇菜。东北堇菜是东北地区特有的种类，拉丁文“mandshurica”，意为“源自满洲，俄罗斯和中国北方的边界地区”。

与球果堇菜相比，东北堇菜的花是更深的紫色，叶子的形状跟紫花地丁差不多，但东北堇菜花期时花柄高高超出叶，花距较粗壮，这也是它区别于其他种类的特征。

东北堇菜

因为实在是喜欢它，特地从野外挖回几棵。如今东北堇菜已经作为一个园艺品种，在我的花园里自在地生长着。我闻过它的花，没想到还很幽香呢。最近在一篇文章里读到了关于“堇色”的解释，原来这堇色的渊源正是堇菜的紫色。这高贵的“堇色”，应该指的就是东北堇菜的色彩吧。

其实，东北堇菜也是可以食用的。只是它的颜值太高，实在不忍心食用，还是作为观赏植物比较好。

睡 菜

- 拉丁名：*Menyanthes trifoliata*
- 英文名：Bogbean
- 俄文名：Вахта трёхлистная
- 睡菜科，睡菜属

五月末，美丽的睡菜花就默默地开放了。远处望去，睡菜花只是盛开在水波之上的一丛丛白色花串，并无特别之处。仔细观察，睡菜的花竟然那么不寻常。睡菜的花序为总状花序，花葶上面有 20 ～ 30 朵白色的五瓣或六瓣的小花，每个花瓣上生长着同样白色的、卷曲的、流苏状的毛，美丽而特别。

睡菜的叶子为三出复叶，即每个复叶有 3 片小叶，因此睡菜又被称为三叶睡菜。据《南方草木状》记载："绰菜，夏生于池沼间，叶类慈姑，根如藕条，南海人食之，云令人思睡，呼为瞑菜。"瞑菜即为睡菜，睡菜得名于此。我初见睡菜并不知其可食，只是倾心于它羞涩的美。是的，睡菜的花色洁白，微微向外翻卷的花瓣和花瓣上纤细卷曲的柔毛，把睡菜变得更娇羞了。我不知睡菜的花语是什么，如果有的话，我想会是"羞涩的美"。

睡菜

睡菜

稠 李

- 拉丁名：*Padus avium*
- 英文名：Bird Cherry
- 俄文名：Черёмуха обыкновенная
- 蔷薇科，稠李属

如果你要问我，北大荒开花最美的大树是哪种？我的回答毫无疑问，是稠李。稠李高大挺拔，十多米高的大树很常见。我曾在八五一一农场至宝清县的公路旁，见过很多高大的稠李树，满树开着稠李花，那场面始终震撼着我。

每年五月中下旬，是稠李花开最盛的时候。稠李的花序有一个很长的主轴，在主轴上分别长出长度基本相等的花柄，每个花柄顶端长着一朵花，我们把这样的花序叫作总状花序。稠李的总状花序形成长 10 厘米左右的花串，满树白净的花串配上碧绿的叶，让人觉得是那样的舒服，就如同我总喜欢用白色的衬衫搭配绿色的长裙一样，色彩简单却又那么明媚清新。

稠李

北大荒美丽得令人心动的大树，不仅只有稠李，还有东北杏。东北杏开花的时候，满树的粉，同样娇美动人。但过后我左思右想，总觉得缺少些什么，可能就是因为它没有绿叶的衬托吧。

花唐松草

- **拉丁名：** *Thalictrum filamentosum*
- **英文名：** Filamentary Meadowrue
- **俄文名：** Василистник нитчатый
- **毛茛科，唐松草属**

唐松草有很多种。在北大荒的春天，最先开放的唐松草，只有花唐松草这一种。

花唐松草的株高只有 20 ~ 30 厘米。对于其他种类的唐松草而言，花唐松草明显矮小。花唐松草的花也不大，它的花没有花瓣，似花瓣的白色萼片也会早早脱落，白色丝状的雄蕊却格外美丽。花唐松草的叶子大而稀少，茎生叶成对，也是区别于其他种类唐松草的显著特征。

花唐松草

花唐松草

每年五月中下旬，在黑龙江省东部饶河县境内的大顶子山中部，成片的花唐松草就开放在盘山公路旁。虽然人们没有留意它们，但是它们还是照旧忘我地开着。我总是想，春天就是由许多这样不起眼的小花组成的吧，如果缺少了像花唐松草这样的小花，春光一定失色不少。

毛蕊卷耳

- 拉丁名：*Ceratium pauciflorum*
- 英文名：Laxflower Mouse-ear Chickweed
- 俄文名：Ясколка малоцветковая
- 石竹科，卷耳属

毛蕊卷耳的花太普通了，以至于很多年从它身边走过，竟然都没有仔细看过它，想当然地把它当作繸瓣繁缕了，最近几年才发现并非如此。

毛蕊卷耳是石竹科卷耳属的野花，也是卷耳属在北大荒分布最广的一种。初看

毛蕊卷耳

起来，从花型的大小、叶子的形状，毛蕊卷耳都与繸瓣繁缕很像，仔细看起来，差别却很大。毛蕊卷耳的花瓣是 5 片全缘的，花瓣上有丝状条纹；而繸瓣繁缕的花瓣碎成细条。另外，毛蕊卷耳的叶子有一明显中脉，茎部及花梗长着腺毛，并且常常分泌出黏性物质，因此拿捏时手里总感觉黏糊糊的。

有时我还能看见成片开放的毛蕊卷耳，那白色的花瓣在阳光的照耀下更加亮眼了。这个时候，我总想在心里对它说：“哦，你好！毛蕊卷耳，不会再把你错当繸瓣繁缕了。”

毛蕊卷耳

三脉山黧豆

- 拉丁名：*Lathyrus komarovii*
- 英文名：Threevein Vetchling
- 俄文名：Чина Комарова
- 豆科，山黧豆属

我们在树林边上，经常可以看到这样的豆科植物：粉紫色的、大而艳丽的蝶形花，稀稀落落地开在它的大叶子之间。它的叶子也非常有特点，通常叶面有 3 条明显的叶脉，如果从背面看会更清晰一些，这种植物就是豆科山黧豆属的三脉山黧豆。

到了夏季，有一种叫作大山黧豆的植物也开花了。它与三脉山黧豆同是山黧豆属，但它的花却不是粉紫色的，它整株花的颜色渐变：从未开的淡黄色，到已开放的橘黄色，很是漂亮。如果把三脉山黧豆比喻成少女，那么大山黧豆则像一个青年男子。大山黧豆的株高一米有余，茎长得非常粗壮，花序从叶腋间长出来，形成 10 余朵细长的蝶形花。

三脉山黧豆

大山黧豆

春天里，三脉山黧豆在山林中随处可见，而大山黧豆却不那么常见。我喜欢三脉山黧豆，让它在我的花园里安家，它长得很好。可我总想，要不要再弄几棵大山黧豆与之做伴呢？没有大山黧豆的陪伴，三脉山黧豆一定很寂寞吧。

东北点地梅

- 拉丁名：*Androsace filiformis*
- 英文名：Filiformis Rockjasmine
- 俄文名：Проломник нитевидный
- 报春花科，点地梅属

东北点地梅是个很不起眼的小花，早春时节就会在撂荒的耕地上成片开放。它的叶子就像莲座一样，很多花葶就从这些莲座般的叶间长出，在花葶之上又分出若干丝状细长的花梗，组成伞形的花序。五瓣的白色小花形如梅花，又似散落在大地上的点点繁星。

东北点地梅属报春花科植物，是很好的地被观赏植物。取名为点地梅也许就是对它最好的诠释。每年春天，东北点地梅就悄无声息地绽放了，它是那样沉静，不问世间沉浮，沧桑变幻。我望着它，满怀释然。好久没有这样的感觉了，感谢东北点地梅，这个春日里不起眼的小花，它早已点在了我的心里……

东北点地梅

附地菜

- 拉丁名：*Trigonotis peduncularis*
- 英文名：Pedunculate Trigonotis
- 俄文名：Тригонотис булавовидный
- 紫草科，附地菜属

当柔和的春风拂面吹来，我在户外逗留的时间也大大增加，只为享受此刻春意暖人的滋味。沿着风化砂铺成的道路慢慢行走，留意经过的所有野花野草，就在这砂石路的边缘，我发现了一棵开着蓝色小花的植物，后来才知道这种植物就是附地菜。

附地菜是紫草科附地菜属植物。北大荒常见的附地菜属植物有附地菜和北附地菜两种。虽然二者都是五月中下旬开花，但还是有区别的。从花型上看，附地菜的花小，花冠直径只有 1 ～ 2 毫米，而北附地菜的花要大很多，花冠直径有 6 ～ 8 毫米。从花色上看，附地菜的花是淡蓝色的，而北附地菜的花不仅有淡蓝色的还有白色的；从叶子上看，附地菜叶子只有一条中脉，而北附地菜除了明显的中脉之外，还可看

附地菜

北附地菜

见不明显的侧脉。另外，北附地菜常常在茎叶有糙毛，而附地菜没有。

我第一次看见北附地菜是在虎林市近郊，只见绿草地中闪着一片蓝莹莹的光彩，它们蓝的那样清澈，那样纯净，仿佛草地中一颗颗蓝色的眼睛，我一下子被它们惊艳到了。

北附地菜，原来你也这么美!

宝珠草

- 拉丁名：*Disporum viridescens*
- 英文名：Virescent Fairybells
- 俄文名：Диспорум смилациновый
- 秋水仙科，万寿竹属

当樱草在原野上盛开的时候，宝珠草也开始了它的花期。宝珠草的外形与它的名字大相径庭，绝对看不出它是常规意义上的某种草，说它是一种观赏花卉更确切。

宝珠草是秋水仙科万寿竹属植物，株高 50 厘米左右。它的叶子卵状长圆形，有 3 ~ 7 条典型的弧形脉。每株宝株草只有 1 ~ 2 朵花，因为它的花梗有 2 厘米左右的长度，所以看起来总是从最顶端的茎枝垂下。宝珠草的花大多为白色，也有淡绿色的。宝珠草的花被片有 6 个，开花的时候向外张开，有点像辣椒的花。

宝珠草的叶子互生在光滑、直立的茎上，茎下部具有数节白色膜质的鞘，整体看来跟竹节有几分形似，也许这就是它与万寿竹这个属名的关联之处吧。

宝珠草

种阜草

- 拉丁名：*Moehringia lateriflora*
- 英文名：Lateralflower Moehringia
- 俄文名：Мерингия бокоцветковая
- 石竹科，种阜草属

有一种小草，纤细、孱弱，仿佛禁不起任何风吹雨打，总令人担忧它在自然界该怎样生存，然而这种担心似乎是多余的。五月下旬，几乎可以在任何一片林子都能发现它的踪影，而且此刻正是它的花期，白色的小花正旺盛地开着，这种小草就是种阜草。

种阜草

说它娇小，是因为它只有10厘米左右高，在林中常常被忽略了。我多年在林中穿行也没有注意到它的存在，直到有一次在林中小坐，不远处几株纤细的小草却开着白色的小花，引起了我的注意。我开始查找它的资料，才知道这种植物就是种阜草。

从植物分类学上，种阜草为石竹科种阜草属植物，东北草本植物志称它为莫石竹。种阜草的叶卵状披针形，小巧可爱。同所有石竹科茎节膨大的特点一样，种阜草的茎上也长着膨大的节。最有特点的还是它细长的花梗上生长着的白色小花，它的花冠直径近1厘米，比起它娇小的身形显得略大了些，也许这就是它吸引我注意的原因之一吧。

诸葛菜

- 拉丁名：*Orychophragmus violaceus*
- 英文名：Violet Orychophragmus
- 俄文名：Орихофрагмус фиолетовый
- 十字花科，诸葛菜属

北大荒也有诸葛菜，或者说也有二月蓝，因为很多地方把诸葛菜称作二月蓝。不同的是，北大荒的二月蓝的花期却不在二月，而在阳历的五六月。

诸葛菜是十字花科诸葛菜属的植物。十字花科里的植物像诸葛菜这样有着紫色花瓣的花并不多。诸葛菜虽然也是一种可食用的野菜，但我一想到它的花，就不忍心吃了。在我心里它就是观赏植物，的确，现在诸葛菜的园林应用很广，有些城市公园大片种植诸葛菜作为花海景观，收到很好的效果。

去年我在俄罗斯旅行时，在一个公共汽车站点看见了一片诸葛菜。在休息的空当，我跑到诸葛菜花丛旁拍了几张照片，几个俄罗斯人看见我拍照，善意地向我微笑，我猜他们也是爱花的人吧。

诸葛菜

山荆子

- 拉丁名: *Malus baccata*
- 英文名: Siberian Crabapple
- 俄文名: Яблоня ягодная
- 蔷薇科，苹果属

四五月交织的早春，如果你没来得及去野外踏青，错过了林中与冰雪齐舞的冰凌花，错过了漫山遍野的金达莱，请不要遗憾。在北方，在黑龙江，在北大荒，自然就是这般精彩，不同时期总会有不同的景致——再过一二十天，山荆子就开花了。

沿着树林的方向走去，也许还会穿过一片绿草地，不用别人指点，你已经望见了那树林边缘开满白花、粉花的大树，在阳光下熠熠生辉，它们就是山荆子。山荆子为北大荒常见野生树种，很多人也称其为山丁子，民间常用作嫁接苹果的砧木。山荆子可长成高达 10 余米的大树。山荆子的花蕾粉中透白，花的颜色从最初的深粉色开始渐渐变淡，直至最后呈现出淡粉色至白色，无论何种颜色，与绿叶红枝相配，

山荆子

山荆子

都显得那么美妙而浪漫。秋季，山荆子结满了绛红色的圆球形小果，酸中带甜，味道很不错。

我在野外见过的最大一棵山荆子，足有五六米高，长在已经开垦的农田之中。这里曾是一片树林，只有这棵山荆子被保留了下来，大概这农田的主人也喜爱这株山荆子吧。

白屈菜

- 拉丁名：*Chelidonium majus*
- 英文名：Greater Celandine
- 俄文名：Чистотел большой
- 罂粟科，白屈菜属

暮春时节，在山坡，在路旁，在人家的屋后房前，甚至在荫蔽的林中，白屈菜都开得黄艳艳，一片片。

白屈菜是罂粟科白屈菜属中唯一的种。白屈菜有 4 个花瓣，全缘，常 6 ~ 8 朵花排成聚伞形花序。说来有趣，我在野外遇到一株白屈菜，生有罕见的 6 枚花瓣，花瓣也非全缘而是圆锯齿状。

罂粟科植物大都为 2 枚萼片，白屈菜也是如此。我对白屈菜的这两个花萼印象颇深，因为那上面布满了稀疏的白色长毛，花萼在开花时就脱落了，这与其他植物

白屈菜

结果时自行脱落完全不同。白屈菜全株有毛，除了花萼外，它的茎及叶背面也都生满稀疏的长毛，比较容易识别。

白屈菜含多种生物碱，有毒，但全草可以入药，有镇痛解毒之功效。

玉 竹

- 拉丁名：*Polygonatum odoratum*
- 英文名：Fragrant Solomonseal
- 俄文名：Купена душистая
- 天门冬科，黄精属

五月的一个星期天，我和哥哥像往常一样去野外看花。在林边一条小路旁，哥哥指着大片正在开花的玉竹跟我说："看——这片玉竹，真好！"

在我的影响下，哥哥放弃了原本钓鱼的爱好，也开始迷恋起植物来。我很纳闷，哥哥刚接触植物不久，这玉竹的名字他怎么知道的？原来，哥哥小时候常挖玉竹、龙胆草等草药卖钱。因为玉竹得反复揉搓晾晒，不容易处理又价钱便宜，所以就不再挖玉竹而只挖龙胆草了。我因为太小，所以不记得挖过玉竹，只记得曾经挖过龙胆草。

至于玉竹的种类，我们这里常见的有两种，除了玉竹之

玉竹

小玉竹

外，还有一种小玉竹，它长得矮小，茎也比玉竹细了不少。

如今再见到玉竹，无论它是否值钱，也不会像从前那样采挖了，因为我们懂得了要尊重大自然、爱护大自然，这些事情远远比金钱更重要。

金花忍冬

- 拉丁名：*Lonicera chrysantha*
- 英文名：Coralline Honeysuckle
- 俄文名：Жимолость золотистая
- 忍冬科，忍冬属

最初知道忍冬，只是在一些苏联作家的文学作品中。我对它的了解实在太少，仅知道它是一种优雅的植物名称。至于草本还是木本，灌木还是乔木，一无所知。多年以后，从我痴迷植物开始，才在北大荒的土地上亲眼见到了一种忍冬——金花忍冬。那一树的忍冬花，黄白两色，花被呈现出魅惑的唇形，真是风情万种。

金花忍冬是落叶灌木，高可达数米。它的花生于幼枝叶腋，有较长的花梗，整朵花都散发出怡人的香气。

金花忍冬

华北忍冬

我在六月初还见到另一种忍冬，华北忍冬，花色深紫。华北忍冬的花特别有意思，它的花梗细长，从叶腋下面伸展到叶子背面，所以华北忍冬又叫作藏花忍冬，不仔细看还真看不到呢。

尖齿狗舌草

- 拉丁名：*Tephroseris subdentata*
- 英文名：Sharptooth Groundsel
- 俄文名：Пепельник неясноз убчатый
- 菊科，狗舌草属

早春时节，在小山坡的向阳草地或者林中的开阔地就会看见与众不同的尖齿狗舌草。尖齿狗舌草的模样的确有些特别，它的披针形叶子边缘有细细的尖齿，叶子上长着白色蛛丝状的毛，颜色看上去比较淡。

五月末，尖齿狗舌草长到四五十厘米时，它的伞房形排列的黄色头状花序，再一次吸引了我的眼球。这头状花序向四面八方散开，每朵小花就像向日葵一样，具有典型的舌状花和筒状花。与尖齿狗舌草非常类似的还有一种叫狗舌草的花，它的蛛丝状的白毛更密，叶片也更厚，整体看来就是灰白色的，很醒目。

尖齿狗舌草

尖齿狗舌草

红轮狗舌草

八月，草地上还盛开着另外一种狗舌草——红轮狗舌草，它的舌状花总是向下生长，像一个微微张开的小伞。它的花色橙红，在秋日的草地上显得格外灼目。

我在内蒙古的阿尔山见到了成片的红轮狗舌草，就在红轮狗舌草旁边，紫色的翠雀花、粉色的马先蒿、白色的蓍草同样在草地中盛开着，真是一片花的海洋！这样美妙的情景，至今还常常浮现在我的脑海里。何时才能再次见到这样的花海呢？我真是太向往了！

红轮狗舌草

土庄绣线菊

- 拉丁名：*Spiraea pubescens*
- 英文名：Pubescent Spiraea
- 俄文名：Спирея пушистая
- 蔷薇科，绣线菊属

我第一次看见土庄绣线菊，竟以为它是园林品种，它就长在公路旁，像是被人特意栽植的。

土庄绣线菊是高 1 ~ 2 米的灌木，五月末就可以开放。它的伞形花序能长出二三十朵花，白色的近圆形的花瓣互相拥挤在一起，凑成圆突突的一团，真是亮眼得很。它的叶子有些椭圆，有羽状的叶脉，有时在中部以上还有 3 个深裂的锯齿。叶子不大，约 3 厘米长，配上白色的花团刚刚好。

在我的印象中，像土庄绣线菊这样花团锦簇的灌木花卉，好像并不多见。它比

土庄绣线菊

较喜光又耐干旱，所以常生长在林缘、林中开阔地以及砂石路旁。我在春天的时候，即使坐在疾驰的车中，也能识别出路旁那开白花的灌木，就是土庄绣线菊。因为它的花太繁密，老远就能望见。唯一不足的是，它的花期有些短，只有半个月左右。

土庄绣线菊开花的时候，我喜爱的溪荪花也正当季。路边的多花筋骨草、林中的鹿药也都一并开着，百花争艳的春天总是那么美好。

土庄绣线菊

硬毛南芥

- 拉丁名：*Arabis hirsuta*
- 英文名：Hirsute Rockcress
- 俄文名：Резуха стреловидная
- 十字花科，南芥属

漫步在郊区的田野，总会有某个不知名的小花小草，因它的某些特别之处而引起我们的注意，让我们想进一步地了解它，硬毛南芥就是这样一种使我想要了解的植物——它的外形太有特点了。

硬毛南芥的全株都有硬单毛（茎叶上一种单一的表皮毛）及其他形状的毛，所以称它为硬毛南芥。它更像一株草，但它太高太细又太直了。它茎生的叶子也好像有意配合它颀长的姿态，几乎全部贴伏在茎上并向上生长。茎的上部是它的一些米粒大小的白色花朵，漫不经心地开着，却吸引我看得那样专注。

硬毛南芥

垂果南芥

南芥属植物在黑龙江只有两种。除了硬毛南芥外，还有一种垂果南芥，它的外形不像硬毛南芥那样颀长，但它的线性长角果垂向地面，也颇有特点。它在七月左右开花，花期比硬毛南芥晚了近一个月。另外，垂果南芥也是一种野菜，民间有认识它的人，常常在其幼苗期采食。我也采来尝过，味道还不错。

胡桃楸

- 拉丁名：*Juglans mandshurica*
- 英文名：Manchurian Walnut
- 俄文名：Орех маньчжурский
- 胡桃科，胡桃属

小时候在我家房东头就长着一棵野核桃树，那灰色的纵裂的树皮及宽大的树叶，至今留在我的记忆里。每当我从它身边走过，都要向它高大的树干望上去，到了秋季就可以望到已经长成球形的青核桃。

胡桃楸

野核桃树的学名叫作胡桃楸，是胡桃科胡桃属的乔木，国家二级珍稀濒危保护树种。野生的胡桃楸在北大荒的自然林中还是可以经常见到的，但数量已比八十年代少了许多——太多的林地被砍伐，变成了耕地、石场、沙场，所以胡桃楸只能在为数不多的自然林里生长。

现在，野外见到它总是情不自禁地多看几眼，童年结下的情缘，一生难以割舍。

蒲公英

- 拉丁名: *Taraxacum mongolicum*
- 英文名: Mongolian Dandelion
- 俄文名: Одуванчик монгольский
- 菊科，蒲公英属

大地的宠儿，餐桌上的常客——繁殖能力极强的蒲公英在民间的烹调作用实在不容小觑，蒲公英已经成为人们普遍喜食的野菜。

蒲公英在黑龙江被叫作婆婆丁，全草供药用，有清热解毒、通便利尿的功效，还有资料说蒲公英对治疗肝病也有很好的效果。基于这些功效，蒲公英备受青睐，食用方法也多种多样。它的嫩叶可以直接凉拌，虽然味苦，但仍有许多人不畏其苦。苦味的叶子经开水烫过之后可以变甜，做汤亦可，而与肉一起剁成肉馅包成饺子，味道更加鲜美。老百姓还常常用晒干的蒲公英花来代替茶饮，起到清肝泻火的作用。

蒲公英

在俄罗斯，老百姓用蒲公英花制成可以食用的蒲公英酱，在欧洲的其他国家，把它的叶子和花用来酿酒。

蒲公英有许多不同的种类，很难分辨。对百姓而言，它的食用价值是第一位的，至于怎样细分并不在意，这里我也不想多说，因为我也无法将它们分得一清二楚，如果谁能把它们分清楚，我愿意上门讨教。

东方草莓

- 拉丁名：*Fragaria orientalis*
- 英文名：Oriental Strawberry
- 俄文名：Земляника восточная
- 蔷薇科，草莓属

很多老百姓的菜园里都种有草莓，草莓是对蔷薇科草莓属的通称。它的味道甜中带酸，美味可口，成熟的草莓还有一种特殊的香味。

北大荒有一种野草莓，叫作东方草莓。每年五月末，野草莓便开始开花结果。现在想来，三十年里我在野外看见草莓开花结果也仅仅三五回而已，实在太少。

野生的草莓果太小，和家养草莓不能比，然而对这自然所赐的礼物，又怎敢轻易地挑剔它呢？能在野外看见它开花，品尝到野草莓甜果的我们，也算是幸运的。

东方草莓

卫矛

- 拉丁名：*Euonymus alatus*
- 英文名：Winged Euonymus
- 俄文名：Бересклет крылатый
- 卫矛科，卫矛属

从不认识到慢慢熟悉，北大荒的几种卫矛属植物越来越引起了我的注意。就拿常见的卫矛来说，我发现了它很多特别的地方。

第一次见到它惊讶于它树干的形状，怎么像是三角形的椎体呢？好奇怪！后来才知道像这样的树干或树枝叫作木栓质翅，是指枝干的表面由木栓形成的呈纵向排列的薄片状结构，卫矛等植物上就有这样的木栓质翅。

卫矛

北大荒还有一种瘤枝卫矛，花形奇特。它的花从叶腋伸出来，细长的花梗牵着花瓣平铺在叶子上，那 4 枚近圆形半透明的紫红色的花瓣那么别致，就好像有意做成的工艺品。瘤枝卫矛还有一个与众不同的地方，就是它的小枝有瘤状突起，也因此而得名。

瘤枝卫矛

白杜也是一种常见的卫矛属植物。区分它们可以根据它们花药的颜色以及有没有木栓翅等。卫矛与瘤枝卫矛有木栓翅，白杜没有木栓翅，并且它的花药为暗红色。

白杜

卫矛秋季结的种子被橙红色的假种皮完全包裹住，也很有观赏性。它的叶子，秋天变成粉红色，在山林中独树一帜，在野外欣赏秋色时可以留意一下，若看到宿存的萼片及开裂的假种皮，那差不多就是卫矛属的植物了。

多花筋骨草

- 拉丁名：*Ajuga multiflora*
- 英文名：Manyflower Bugle
- 俄文名：Живучка многоцветковая
- 唇形科，筋骨草属

不知为什么我尤其偏爱紫花。大自然也从不吝惜把这样一种高贵迷人的色彩赋予了众多的花朵，令它们充满了无法抵御的诱惑力。

多花筋骨草

北大荒这片亘古荒原也从不缺乏这样紫色的浪漫。五月中旬开始，率先带来这一袭浪漫的紫色野花，当属唇形科筋骨草属的多花筋骨草。

一提到紫色的浪漫渲染，大家马上就会想到薰衣草，想到法国小镇普罗旺斯。的确，普罗旺斯的薰衣草花田宛如紫色的海洋，波澜壮阔，无与伦比。在我的眼里，多花筋骨草一点儿也不比薰衣草逊色。从整个身形来看，薰衣草显得有点瘦弱，比不上多花筋骨草的丰满，因为多花筋骨草株高一般在 20 厘米，轮伞花序自上而下排列紧密，所以它的花茎长度也近 20 厘米，而薰衣草的花茎长度只有 5 厘米左右，花型大小也不及多花筋骨草，只是多花筋骨草没有被人工大面积种植罢了。

去年春天，我在八五〇农场至八五七农场的公路旁发现了一小片自然生长的多花筋骨草，虽然只是这一小片，也让我驻足良久，不忍离开。我不能种一片薰衣草，但我可以种一片多花筋骨草，这紫色的浪漫永远诱惑着我。

多花筋骨草

黄芦木

- 拉丁名：*Berberis amurensis*
- 英文名：Amur Barberry
- 俄文名：Барбарис амурский
- 小檗科，小檗属

在张广才岭、完达山脉的众多山地和丘陵中，生长着这样一种灌木：它有 1 ~ 2 米高，黄灰色的枝节上常常有三叉的坚硬锐刺；它的叶较大，呈现出倒卵状椭圆的形状，簇生于短枝上；黄绿色的花通常有 10 余朵，形成一个个花串，也生于短枝的叶丛中；这个灌木就是小檗科小檗属的黄芦木，俗称大叶小檗。

几年前同周繇教授一起考察时，我才第一次认识了黄芦木。他告诉我，这种植物的三叉锐刺很有特点，就像三棵针尖一样。这个三叉像针尖一样的锐刺，实际上是它变态的叶。在东北，我们把它及同属植物细叶小檗常称为三棵针，我们常用的三棵针牙膏就是从它的同属植物细叶小檗上提取的。没想到看似简单的植物，竟有这么多学问。

黄芦木

鹿药

- 拉丁名：*Maianthemum japonicum*
- 英文名：Japanese False Solomonseal
- 俄文名：Смилацина волосистая
- 天门冬科，舞鹤草属

鹿药在我国大部分省市都有分布，在北大荒，美丽的鹿药五月末就开花了。

从植物分类学上，鹿药是天门冬科鹿药属植物。它的株高有 40 厘米左右，叶子宽宽长长的，很是可爱。鹿药的花序为圆锥花序，即每一分枝为一总状花序，整个花序近似圆锥形。这样的花序使得鹿药花就像一团雪，擎在绿叶之上。鹿药的 6 枚白色花瓣恰如片片雪花，点缀在花序轴之上，花序轴上长满了细密的白毛，仿佛被凝成了霜，特意与这片片雪花相匹配，彰显出一种和谐的美，很多人说它是一种观赏花卉也绝不为过。

鹿药

不仅如此，鹿药名如其实，它的确是一种草药。它的根及根状茎入药，主治风湿骨痛、跌打损伤等症。在民间，老百姓将其幼苗作为春季山野菜食用，我采过一些品尝，没想到它清新里略微带着甜滋滋的味道，很好吃。

中华苦荬菜

- 拉丁名：*Ixeris chinensis*
- 英文名：Chinese Ixeris
- 俄文名：Иксеридиум китайский
- 菊科，苦荬菜属

与蒲公英的繁殖能力相比，中华苦荬菜也毫不逊色。每年五六月，它的身影就随处可见。路边的草坪或花池的边缘，中华苦荬菜总是不能被清理干净，所以它们就排成排长着，好像专门为草坪或花池镶嵌的花边，入眼得很。

中华苦荬菜的叶子细长，叶子全缘或有不明显的牙齿，花有黄、白和及淡粉等三种颜色，比较容易识别。

我在海南岛居住的时候，发现当地人在食用一种也叫苦荬菜的蔬菜，它的个头几乎十倍于东北的苦荬菜。我不知这是哪一种苦荬菜，买了一小捆，炒着吃感觉味道鲜美，没有一点苦涩。

中华苦荬菜

类叶升麻

- 拉丁名：*Actaea asiatica*
- 英文名：Asian Baneberry
- 俄文名：Воронец азиатский
- 毛茛科，类叶升麻属

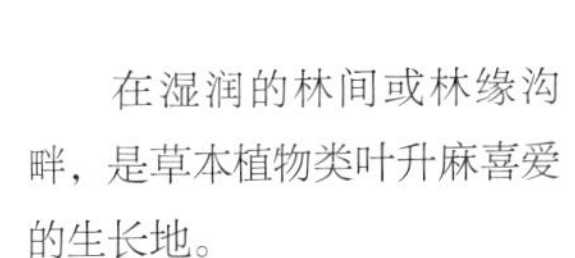

在湿润的林间或林缘沟畔，是草本植物类叶升麻喜爱的生长地。

类叶升麻在湿润的环境下生长迅速，五月中下旬就绽开了花朵，成为北大荒春季百花的一种。

类叶升麻的白色花很有特点。它的总状花序有 5 厘米左右，长长的花梗从叶间抽出，高高在上，好像擎着一个白色的火炬，又似为婴儿洗涮奶瓶用的瓶刷。类叶升麻花最扎眼的不是它的花瓣，而是它长约半厘米左右、成簇围绕在花序轴周围的密密的花丝。它那娇小的匙形花瓣隐在花丝后面，花盛期才可以看到，花期一过，就剩下光秃秃的花丝和花药了。我在野外更多见到的都是它的花丝，花瓣已经全部凋落了，见到它的雪白花瓣还真是不易。

类叶升麻

八九月，类叶升麻开始结果，成熟的果实紫黑油亮，大小、颜色正如小时候常吃的黑油油。在民间，类叶升麻可供药用，老百姓用它的茎叶来做土农药。

白花碎米荠

- 拉丁名：*Cardamine leucantha*
- 英文名：Whiteflowed Bittercress
- 俄文名：Сердечник белоцветковый
- 十字花科，碎米荠属

北大荒除了常见的细叶碎米荠之外，还有一种开花稍晚的白花碎米荠。白花碎米荠虽然很常见，但数量上远不及细叶碎米荠那样众多。

如果说细叶碎米荠是以纤小娇羞迷人，那么白花碎米荠则以大方利落取胜。白花碎米荠株高 50 厘米左右，即使最小的植株也比细叶碎米荠高大。如果从叶子的大小来看，那就相差更是悬殊。白花碎米荠宽大的叶子近 3 厘米，数倍于细叶碎米荠。白花碎米荠的茎上部常常有分枝，不像细叶碎米荠那样单一。它的花序排列成伞房状或复伞状，花盛期也开得招招摇摇，平添几分春色。

白花碎米荠

溪 荪

- 拉丁名：*Iris sanguinea*
- 英文名：Bloodred Iris
- 俄文名：Ирис кроваво-красный
- 鸢尾科，鸢尾属

我家厨房的墙壁及卧室悬挂的装饰画都以鸢尾为图案。我对鸢尾花的喜爱，简直到了如痴如醉的地步，因为鸢尾花那沁心入肺的紫色，真的让我着迷。我见过的北大荒的野生鸢尾花都是以紫色为基调，或再掺杂些许蓝色。

除了春季早开的矮紫苞鸢尾之外，溪荪以及燕子花几乎同时在五月末六月初，春夏之交时开放，而完全在六月里开花的就只有玉蝉花了。

溪荪花型俏丽，花基部有黄色的并带有黑褐色网状的斑纹。它的叶子也纤纤细细的，种子在十月成熟。

溪荪

燕子花

同花名一样，燕子花的花形正如展翅欲飞的燕子。它与睡菜生存环境一致，因此通常伴生，只不过燕子花比睡菜晚 10 天左右开花，当燕子花绽放的时候，睡菜球形蒴果已基本成形。燕子花株高一般在 50 ～ 80 厘米，比较容易识别。它的外花被片中央只有鲜黄色突起的条形而没有网纹，并且它的花葶是实心的，与溪荪相区别。燕子花在乌苏里江流域分布广泛，几乎无人不识。因为它花蕾的颜色好似蓝色墨水，形状亦如蘸水笔尖，当地老百姓形象地称之为“钢笔花”或“钢笔水花”。

玉蝉花

六月下旬开放的玉蝉花真是草地上的宠儿，它的花型大而艳丽，并且还形成群丛。它与溪荪的生存环境一致，但玉蝉花开放的时刻，已经见不到溪荪花了。草地上与之相伴的是蓼科植物的美人，狐尾蓼。

农垦牡丹江管理局北山保留着大片的原始草地，也因此盛开着大片的玉蝉花，我不知道这片玉蝉花还能保留多久，听说这里要种树，要建公园，到时不知道还有没有它们生存的地方，我真为它们担忧。

红瑞木

- 拉丁名：*Cornus alba*
- 英文名：Tatarian Dogwood
- 俄文名：Свидина белая
- 山茱萸科，山茱萸属

在乌苏里江沿岸，生长着一种叫作红瑞木的灌木。每年冬季万木凋零，红瑞木却显露出勃勃生机。不是红瑞木不落叶，而是它红红的枝干在白雪当季的皑皑冬日实在夺目。我在四月里的早春去看开江，冰与冰碰撞的情景未必能见到，而与我永不失约的，却是那一丛丛有着鲜亮红艳外表的红瑞木。

红瑞木是山茱萸科山茱萸属植物，高可达 3 米。其枝条在一年中大部分时间都呈紫红色。因为是灌木，枝条丛生如柳，当地老百姓常常把它称为“红柳”。红瑞木不仅枝干具有观赏性，它的花、叶及秋季的果实都很有观赏性，园林上已经作为观赏植物引种栽培。

红瑞木在北大荒五月末就能开花，算得上地地道道的春季花卉。它的花白色，呈伞房状，多而细小，花的直径还不到 1 厘米。与这样细碎的花相配的叶子却生得大大方方。它的叶子椭圆形，长度可达 8 厘米，宽度 5 厘米左右，叶缘全缘或波浪般反卷，中脉及侧脉都很明显。每年秋季，红瑞木的白色果实挂满枝头，多彩多姿的红瑞木总是令人遐想无限。

如果你没有见过红瑞木，那么找找看吧，那冬季里的一抹红，永远向你敞开怀抱。

红瑞木

花 荵

- 拉丁名：*Polemonium caeruleum*
- 英文名：Common Polemonium
- 俄文名：Синюха голубая
- 花荵科，花荵属

花荵

在清幽的公路两旁，在北大荒最后的春日，花荵展开秀丽的身姿，开得曼妙动人。花荵是来争春的吧，它总是踩着春天的尾巴，开在春夏交替的季节，让我不得不把它算作春花。我总是以花荵花开作为北大荒春天结束的标志，好像从来没有错过。

四五月是北大荒的春季，在这个季节开放的紫色花卉并不多，尤其是身材高挑的紫花。花荵便是这样一种花，它开花时植株高度近 1 米。花荵为聚伞圆锥花序，有 5 枚美丽的蓝紫色花瓣，花冠呈钟形，长 1 ~ 2 厘米，稀稀疏疏地长在植株上部，并且占据了将近一半的高度，因此花荵开花远远地就可以望见。花荵的叶子为羽状复叶，在茎上互生，也很漂亮。花荵的花药及花丝基部都是黄色的，所以我们记忆中的花荵总是紫花黄心。

在北大荒，很多农场的公路两侧都会有花荵生长。比如原生态保持较好的密山市兴凯湖农场，在它的花期来兴凯湖旅游的朋友便可以看到。

花葱

铃 兰

- 拉丁名：*Convallaria majalis*
- 英文名：Lily of the Valley
- 俄文名：Ландыш майский
- 天门冬科，铃兰属

布谷鸟的叫声响彻林梢，和暖的阳光在林间闪耀。在五月的春天，在丛林的边缘，一片片白色宛如铃铛般的小花，在微风中轻轻摇曳，它馥郁的芳香也随之摇向远方，它就是山谷中的百合——圣洁的铃兰花。

铃兰身形矮小，株高只有 20 厘米左右。铃兰通常有 2 枚叶片，花葶从茎下面鞘状鳞片的腋部长出，侧生的花序生有 6 ~ 10 朵钟状花，花瓣边缘裂开并略微向上反卷，下垂的花朵正如挂在门前的铃铛，只是没有铃铛清脆的乐音罢了。到了秋季，铃兰的球形果实鲜红美丽，好似颗颗相思的红豆，令人思绪万千。

铃兰喜欢生长在腐殖质深厚的土壤，较耐寒，在高纬度地区的阴湿林带都可以

铃兰

铃兰

生长。铃兰在法国被广泛栽植，备受人们的喜爱。每年的“五一”在法国又称为铃兰节，这一天人们互赠铃兰表示祝福，情侣之间也常常用圣洁的铃兰花来传递彼此的爱恋。

铃兰香味浓烈，是著名的香料植物，常被当作制造香水、香皂的原料。

红毛七

- **拉丁名：** *Caulophyllum robustum*
- **英文名：** Blue Cohosh
- **俄文名：** Стеблелист мощный
- **小檗科，红毛七属**

又一个晴朗的春日，我照例到野外寻花。时值五月末，毛蕊老鹳草马上就要开花了，东北百合的轮叶已经长出，翠雀的植株也有二三十厘米的高度。当我的眼光

红毛七

向树林一隅扫过时，有一株已经开花的植物引起了我的注意，我上前查看，它长着类似芍药花的叶子，开出的小黄花比桂花大不了多少，我之前从没有见过它。

回家后，我在植物书籍里左翻右找，很快地找到了，它叫红毛七，是小檗科红毛七属的一种草本药用植物，它的根及茎入药，有清热解毒和降压止血的作用。我先前认为的淡黄色的直径不足1厘米的小花，其实只是它花瓣状的萼片，里面扇形的黄色小瓣才是它的花瓣。它的花实在不足为奇，只有那卵状椭圆形的大叶子还有几分看头。我在九月初又一次遇到了它，它已经结果了，成熟的果实黑蓝色，有些像山葡萄。

红毛七喜欢生长在针阔叶混交林下潮湿肥沃的地方，虽然它的花称不上美，但我还是希望在这样的林中经常见到它们。不知为什么每次见到这样的小花，总是令我若有所思。无论美与丑，无论高大与弱小，它们都毫不介意世人的评价，依旧花开花落，年复一年。

五味子

- 拉丁名：*Schisandra chinensis*
- 英文名：Chinese Magnoliavine
- 俄文名：Лимонник китайский
- 五味子科，五味子属

五味子以其著名的中药身份被大家所熟悉，但很多人并没有见过它在野外生长的样子。

五味子

五味子是木质藤本植物。幼小的五味子只有一尺多高，不能开花，只有几米以上的老枝才能开花结果。想要看五味子的花，眼光要往半空中甚至更高处看，因为它的枝蔓经常缠绕在榛树或东北山梅花的枝干上。五味子的花乳白色或略带粉红色，细长的花梗从它的叶腋下面垂吊下来，并且总是成对生长。九十月，五味子的果实变得鲜红光亮，散发出红玛瑙般的光彩，煞是好看。我们这里生长的五味子，实际上称作北五味子更为准确，因为南方生长着一种南五味子，它的果实聚成球形，与北方生长的五味子的穗状果实完全不同。

作为北方的道地药材，五味子主

五味子

治神经衰弱、心肌乏力、疲劳过度等症，对调节血压也有很好的作用，此外还能促进胃液、胆汁的分泌。

民间对五味子也有多种食用方法，例如：将五味子文火炒至微焦后，与适量绿茶和蜂蜜一起用沸水冲泡制成五味子茶，常饮可振奋精神、补肾益肝；或将五味子做成五味子粥，用大米与五味子一起文火熬制。五味子可以养肝、补肾，有保肝、护胃的作用，酒后进食能够减少酒精对肝的损害。

菥蓂

- **拉丁名**：*Thlaspi arvense*
- **英文名**：Field Pennycress
- **俄文名**：Ярутка полевая
- **十字花科，菥蓂属**

菥蓂

辞书之祖《尔雅释草》中解释菥蓂为大荠。《本草纲目·菜二·菥蓂》："荠与菥蓂，一物也，但分大小二种耳。小者为荠，大者为菥蓂。"我对这样的解释非常认同，虽然现今植物学上的分类把菥蓂算作十字花科菥蓂属植物，而不是像荠一样算作荠属植物。

菥蓂，俗称遏蓝菜，它与荠，也就是人们常说的荠菜，真的有点像。它们都开白色的花，植株高度也很相仿，但不同的地方也很多：首先，它们的茎不同，菥蓂的茎没有毛，而荠菜的茎经常有毛；荠菜的基生叶呈莲座状，羽状分裂，茎生叶披针形，有锯齿或缺刻，而菥蓂的基生叶倒卵状长圆形，边缘齿疏；荠菜的花序顶生或腋生，而菥蓂的花全部顶生。如果观察菥蓂与荠菜的种子，两者差别更大。菥蓂的种子近圆形，而荠菜种子的形状为倒三角形。菥蓂在黑龙江的花期为 5 ~ 6 月，果期为 6 ~ 7 月，比荠菜稍晚。

菥蓂的经济价值很高。全草和种子都可入药，全草有清肝明目、清热解毒的功效，能治疗多种疾病。种子入药可以祛风除湿、治疗风湿性关节炎。种子还可榨油，做肥皂或润滑油。当然，它的嫩苗也能食用，只可惜它在野外的数量远不如荠菜多。

繁缕

- **拉丁名：** *Stellaria media*
- **英文名：** Chickweed
- **俄文名：** Звездчатка средняя
- **石竹科，繁缕属**

如果看到繁缕的照片，你一定会说，原来这就是繁缕。是的，繁缕很常见，路边空地、房前屋后的草坪上都生长着大量的繁缕，常常让园丁感到头痛，只要有一点土都可以成为它的栖息之地，想把它消除干净，恐怕很难做到。

繁缕

繁缕属植物除了较早开花的繁缕之外，常见的还有六月开花的细叶繁缕与繸瓣繁缕。它们的区别从命名中就可以看出。细叶繁缕的叶子细长条，繸瓣繁缕的花瓣碎裂，都很容易辨识。

我对繁缕有着特别的好感，小时候采得最多的野菜就是我们俗称“鸭嘴菜”的繸瓣繁缕。现在，我也常常在我家附近的草坪上随便薅上一把，餐桌上就多了一碗繁缕汤了。除了清新之外，繁缕没有什么特别的味道，还是很上口的。后来，我在资料中看到它可以拿来喂鸟，呵呵，鸟儿也喜欢它的味道呢。

细叶繁缕

繸瓣繁缕

蒙古栎

- 拉丁名：*Quercus mongolica*
- 英文名：Mongolian Oak
- 俄文名：Дуб монгольский
- 壳斗科，栎属

北大荒遍地生长着蒙古栎，蒙古栎似乎已经成为北大荒的标志。不论是平原还是山地，在原始森林被破坏后，蒙古栎都是次生林的主要树种，也是黑龙江广大山地中红松阔叶混交林的主要伴生树种。

蒙古栎在北大荒被称为柞树，属于落叶乔木，但叶子在冬季凋萎并不脱落，直到第二年春天发芽时才脱落。柞树树干高大，最高可达 30 米，直径 60 厘米。整个树冠向四面伸展，形成的冠幅可以达到 10 余米。它的根深深扎入地下，无论暴风雨雪都不能使它动摇，高大的柞树永远屹立不倒，所以柞树也是坚韧挺拔的象征。

蒙古栎

柞树的叶子也很有特点：它的叶柄很短，叶子倒卵形或倒卵状长圆形，从中部以下渐渐变窄，边缘有波状钝牙齿并且大小不等，叶子上面深绿色，下面淡绿色。五月初，柞树的树叶新绿，那鲜嫩的翠绿色令高大伟岸的柞树又显示出它温柔多情的一面。到了五月末，柞树新枝的叶腋下，一簇簇花序飘坠在下面，那是它的雄花序。

随着时间的推移，柞树的叶子慢慢变成深绿。到了秋季，它的叶子更是变成金灿灿的黄色，将北大荒的山岗渲染得更加迷人。我们常说的五花山，是言其山林秋季色彩丰富，北大荒秋季的色彩绝对少不了柞树的奉献。柞树可以当之无愧地算作观赏树木，深受北大荒人的喜爱。老一辈北大荒人甚至把自己的子女取名为柞林，希望自己的孩子像柞树那样有着顽强的生命力。

柞树的价值很高，除了观赏价值之外，它坚硬的材质还可作为建筑用材，在民间老百姓常用它做成铁锹把、斧头把等。柞树的果实——橡果，含淀粉较高，可作为饲料。饥荒年代，老北大荒人把它磨成面，叫作橡面，用来充饥，这让我对柞树除了极度欣赏之外，又多了一份感激……

蒙古栎

夏季
summer wild flowers
野花

大花杓兰

- 拉丁名：*Cypripedium macranthos*
- 英文名：Bigflower Ladyslipper
- 俄文名：Венерин башмачок крупноцветковый
- 兰科，杓兰属

日历一翻到六月，美丽的大花杓兰就艳艳地开了。我在这个时期走入林中去观赏它，总是没有失望过。

说不上是哪片林子里会有，反正在哪片林子见到，就还去那里寻找，没有见过的林子，总还是找也找不到。大花杓兰是国家濒危保护植物，所以我只告诉那些我信得过的朋友，在我家附近哪里可以见到它，我怕其他人会带来更多的人，随意把美丽的大花杓兰挖掉。

大花杓兰

大花杓兰是杓兰属植物。它的花紫粉色，单朵生在顶端，花的形状就像拖鞋一样。仔细看来，杓兰属植物的花被片又分成四部分，每个部分有不同的名称。最上面的较宽的一片是它的中萼片，最下面的一片是它的下萼片，左右两侧相同的两片是它的花瓣，最中间囊状卵球形的则是它的唇瓣。

大花杓兰在东北还有变种，有白、黄等颜色。如此美丽的花却散发着阵阵腐败的臭气，我猜想大概是为了吸引昆虫传粉的缘故。我有意观察了几次，并没有发现我原来想象的像苍蝇之类的昆虫为它传粉。我只看到蚂蚁在它的花间上上下下地穿梭，我不知道蚂蚁在这里做什么，是不是来吸食它的花蜜，这样就无意间达到了为它传粉的目的呢？不知我这样的猜测对不对。

北大荒常见的杓兰属植物除了大花杓兰之外，还有杓兰、东北杓兰以及紫点杓兰等。杓兰的植株比大花杓兰稍高，最主要的区别是它的囊状椭圆形唇瓣是黄色的，其余部分的萼片及花瓣都是紫红色，而且两侧花瓣呈条状且扭曲，像两个卷边的丝带。

东北杓兰

杓兰

紫点杓兰

东北杓兰是大花杓兰和杓兰的天然杂交种，在林中越来越具有优势，有的林子中东北杓兰的数量已经明显超过大花杓兰与杓兰的数量。至于紫点杓兰则最好辨识，它的植株矮小，唇瓣白色并具有紫色斑点，野外数量比其他杓兰更稀少。

山 兰

- **拉丁名：** *Oreorchis patens*
- **英文名：** Common Oreorchis
- **俄文名：** Ореорхис раскидистый
- **兰科，山兰属**

在我发现的生长着大花杓兰、杓兰的树林中，还见到了山兰。这片林子被我称为兰花基地。林子里面大花杓兰、东北杓兰、杓兰等兰科植物的数量至少有 500 株以上。

山兰在兰科植物里属于纤细小巧的类型。它的株高有 30 多厘米，仅有 1 枚线形的叶子。长长的花葶从地下的假鳞茎（兰科植物所特有的变态的茎）侧面长出来，

山兰

淡黄色的花就稀疏地开在花葶周围，常常有 10 余朵。奇妙的是，山兰的花瓣和萼片都向四外舒张开，每一朵花都像一个带把手的火炬。

说起山兰的发现，还有一个插曲。我已经连续数年去过这片树林，但都没有发现山兰，还是一次陪同中科院植物研究所的徐克学老先生考察时，徐老先生发现的。徐老已年近八十岁，野外行走速度绝对不输于年轻人。更令我敬佩的是，作为植物学家，他有着一双善于发现的眼睛以及做事一丝不苟的态度。与其相比，像我这样的年轻人是不是有些浮躁呢。

东北山梅花

- 拉丁名: *Philadelphus schrenkii*
- 英文名: Schrenk Mockorange
- 俄文名: Чубушник Шренка
- 绣球科，山梅花属

踏雪寻梅的意境在我们这里是不曾有的，因为东北没有梅花，但也不是完全没有，我们这里的山林中有一种叫东北山梅花的“梅花”，它在六月开花的时候，早春已过，算是我们这里的夏花了。

春花夏花都无所谓，是不是春花也不打紧，除了开得稍迟一些，东北山梅花的俊俏丝毫不逊。它的花瓣雪白，开出的花朵甚至比梅花更大，而且总是五六朵簇在一起，繁密地布满了整个枝头。

与蔷薇科的梅花相比，东北山梅花是绣球科植物，是 2 ~ 3 米高的灌木。东北山梅花的花只有 4 枚花瓣，比梅花少了 1 瓣，很好辨识。

东北山梅花

在六月里的山林中行走，真是一件浪漫的事。因为不仅能看到东北山梅花，还可以看见吸食着东北山梅花花粉的绿带翠凤蝶，它们在花丛中上下翩飞，美丽的白鲜正在绽放，龙须菜的造型已经很好，或者来时的路上，园林品种的红王子锦带也花开正艳。若你也想看到这些美妙的景物，不妨在六月，在北大荒的山林中走走吧。

东北山梅花

弹刀子菜

- 拉丁名：*Mazus stachydifolius*
- 英文名：Betonyleaf Mazu
- 俄文名：Мазус чистецолистный
- 通泉草科，通泉草属

弹刀子菜

在密山市农垦牡丹江管理局北山的草地上，生长着大片的弹刀子菜。每年五六月，就可以见到成片的弹刀子菜开花。

弹刀子菜高10～50厘米，全株都有白色的长柔毛。它的花较稀疏，花冠蓝紫色，造型精巧奇特。它的花冠有上下两唇，因此被称为唇形花冠。弹

弹刀子菜

刀子菜的上唇短小，顶端有 2 个狭长的、顶部锐尖的三角形裂片；下唇较宽大并有 3 裂，中裂的喉部与上下两唇之间有白中带黄的圆形斑点，并且密生乳头状腺毛。

花朵这样的斑点构造其实是蜜源标记，是指引昆虫采集蜜源食物的符号，从而达到使昆虫帮助传粉的目的，也是植物为了自身的生存而多年进化的结果。为了传宗接代，植物有时也是很聪明的。

山 丹

- **拉丁名：** *Lilium pumilum*
- **英文名：** Low Lily
- **俄文名：** Лилия карликовая
- **百合科，百合属**

蓝天，白云，绿草地，还有点缀在其中的红色百合花，北大荒的土地就是这般神奇而美丽。

20世纪60年代，北京、上海、天津及哈尔滨等城市的知识青年响应国家号召“上山下乡”，从繁华的大都市来到了偏远的北大荒。艰苦的农耕生活与原来居住的城市环境形成了鲜明的对比，很多人都无法适应。说他们是知青，其实他们也还只是十七八岁的孩子。北大荒的百合花、北大荒的花花草草慰藉着这些孩子寂寞的心灵，让他们欢歌笑语，暂时忘却生活的艰辛。

北大荒常见的百合花有四五种，都以红色为主。花期从六月到七月。六月里开放的是山丹（又称细叶百合）、毛百合、有斑百合。到了七月，条叶百合以及东北百合相继开放。

细叶百合与条叶百合很像，只不过细叶百合的叶子更细，细如丝状；二者的花都反卷，但细叶百合的花被片全部反卷，而条叶百合的花被片是从中部开始反卷，从这两点还是可以区别的。

山丹

条叶百合

毛百合与东北百合是最容易识别的。毛百合的花骨朵布满了密密的绒毛，花型较大；东北百合也叫轮叶百合，它的叶子轮生，其他种百合的叶子都是互生的。轮叶百合的花橙红色，花形也很特别，六枚花被片并没有形成完整的一轮。

毛百合

东北百合

有斑百合

卷丹

有斑百合是山丹的变种，花型较小，在北大荒也很普遍。

百合花象征着吉祥美满，有百年好合之意，深得人们的喜爱。很多老百姓家的院子里都栽有百合，其中最常见的一个家百合品种，叫作卷丹。每当夏季，红色的百合花在绿草地中次第开放，虽不争艳，却也娇艳，这样的场景总是让我留恋。

球尾花

- 拉丁名：*Lysimachia thyrsiflora*
- 英文名：Thyrse Loosestrife
- 俄文名：Кизляк кистецветный
- 报春花科，珍珠菜属

如果你是钓鱼爱好者，在你垂钓的周围，或许就会发现球尾花。球尾花是湿地花卉，它通常生长在湿草甸子与溪流边上，而且能连片生长。

球尾花属于报春花科珍珠菜属植物，高度大约50厘米。它的花有着金灿灿的黄色，花形正如其名，很像传统舞狮表演中狮子的球形短尾巴，所以我总以为球尾花也象征着吉庆、祥和。

球尾花每年六月初开花，花期长达一个月，如果有兴趣可以在湿草甸子里找找看，说不定会找到。

球尾花

大苞萱草

- 拉丁名：*Hemerocallis middendorffii*
- 英文名：Middendorff Daylily
- 俄文名：Красоднев Миддендорфа
- 阿福花科，萱草属

大苞萱草

北大荒常见的萱草属植物有大苞萱草、北黄花菜（俗称黄花菜）等。大苞萱草在五月末就开放，北黄花菜也紧随其后，而北黄花菜的花期更长，从六月一直能开到八九月。

大苞萱草和北黄花菜虽然都是萱草属植物，但它们两个的颜色却大不相同：大苞萱草是艳丽的橘黄色，而北黄花菜是淡黄色，很容易区别。黄花菜还有一种特殊的香味，是其他植物所没有的，我至今还没有发现与之类似香味的花草。不像有的植物，比如狼尾花与棉团铁线莲有着相似的花香。

小时候，在离我家不远的草地上，就能看到大片大片的金莲花与黄花菜伴在一起生长的情景，我总是一边采着可食的黄花菜，一边把玩着金莲花，采菜兼采花，童年的很多美好时光就是这样度过的。现在，很多草地没有了，常见的黄花菜也不常见了。

失去的不知什么时候能再拥有，那草地中的大片黄花菜与金莲花，还有那黄花菜特殊的香气，却永远留在了我的心底。

北黄花菜

毛蕊老鹳草

- 拉丁名：*Geranium platyanthum*
- 英文名：Broadflower Cranebill
- 俄文名：Герань плоскоцветковая
- 牻牛儿苗科，老鹳草属

山野草丛里，那一簇簇不知名的小花小草，总是给了我们太多美好的记忆。我庆幸自己童年生活的地方能和大自然那样亲近，有机会与这些花儿草儿亲密接触。这些不知名的小花小草实在太讨喜，甚至我在人到中年的时候，突然冒出了一个想法：我要把它们都记录下来，我想知道每一株花草的名字。

现在，离我当初的那个决定已经过去了十多年。慢慢地，这些无名小花，我都能如数家珍般地叫出它们的名字，还常常把它们介绍给周围的朋友。

在众多被叫作无名小花的植物中，老鹳草属植物一定占有一席之地。在田野、路边、草丛，到处都能看到它们的踪迹。它们的花有大有小，有粉有白，掌状的叶

老鹳草

子的裂片也有深有浅，但它们都有一个共同的特点：它们的蒴果成熟后由基部向上卷曲而开裂，似鹳鸟的长喙，因此得名老鹳草。

最先开花的老鹳草属植物为毛蕊老鹳草，在六月初就能看见它大而艳丽的花。与其他种类的老鹳草不同的是，它的花型在老鹳草属植物里最大，直径能达到 2 ~ 3 厘米。它的花柱很长，而且叶子裂片宽，表面有毛。

鼠掌老鹳草

最常见的也最容易辨识的老鹳草属植物是鼠掌老鹳草。它的花色浅紫色或白色，花的直径只有 1 厘米。它的掌状裂片深而细，看起来像老鼠的掌印，它也据此得名。鼠掌老鹳草随处可见，不像毛蕊老鹳草那样只长在山野之中，并不容易见到。

灰背老鹳草

灰背老鹳草在我的眼里是最像无名小花的种类。七月，我们在山野间逗留的时候，最常见的就是它了。它的株高 50 厘米左右，既不高大，也不矮小；它的叶片有 5 个裂口，但都长在叶子的中部或稍稍过一点的地方。最有明显特征的是它的叶子上面有短毛，叶背面的颜色灰白，所以有了灰背老鹳草这个名字。仔细看它的花，直径有 2 厘米左右，大小也刚刚好。花瓣的颜色有的浅紫，有的略深一些。在每个花瓣上都有比花瓣颜色更深的紫色脉纹，若是再仔细查看，就会发现花朵的中心是泛白的，这样更衬托出它的深紫色脉纹。我们想起灰背老鹳草可能就会想起它深紫色的脉纹，实在太抢眼了。

我喜欢的老鹳草还有一种叫作线裂老鹳草的，它的花是明艳的粉色，是所有老鹳草里颜色最鲜艳的。它的花期在八九月。我曾在虎林市石青山附近的山坡草丛间见过它，以后再也没有见过，这种老鹳草在野外的数量少得可怜。

线裂老鹳草

八月开花的除了艳丽的线裂老鹳草之外，还有老鹳草的基本种以及粗根老鹳草。老鹳草的基本种我们就称之为老鹳草，它的叶子通常有 3 个裂片，花的颜色较浅，淡淡的粉色或白色，与鼠掌老鹳草相近，但花冠却比它大了不少。至于粗根老鹳草，辨认起来也不麻烦，主要看它的叶子，它的叶子的裂片有 5 ~ 7 个，并且裂片较深。另外，它有一个粗大、纺锤形的根，它的名称也来源于此。

粗根老鹳草

我在野外观察植物，很少会挖出它们的根来查看，尤其是稀有的植物。粗根老鹳草数量还不少，下次再见到它，我可能会挖一下它的根，看看是不是粗根，也好进一步证实我的判断。

广布野豌豆

- 拉丁名：*Vicia cracca*
- 英文名：Bird Vetch
- 俄文名：Горошек мышиный
- 豆科，野豌豆属

夏日里，我们在路旁的草丛中常常看到一些爬蔓的植物，它们细长的叶子像羽毛样成对地长着，一个个张开花瓣的紫色小花紧密地排列在一起，组成一个个艳丽的紫色花串，它们就是野豌豆。其中有一种最常见的也是最美丽的野豌豆，叫广布野豌豆，也被称为草藤，更是格外的亮眼。

广布野豌豆

歪头菜

广布野豌豆在六月初就可以开花，在野豌豆属植物里开得较早。它的花密密匝匝铺满草地，就像一串串紫色的灯笼，把整个草地都点亮了。

野豌豆属里还有一种特别的种——歪头菜。它的茎叶上部总是斜歪生长，叶子有些像榆树叶子。它的花期很长，从六月一直开到八月。歪头菜是一种野菜，同时也是优良的牧草，牲畜喜食。

蝙蝠葛

- 拉丁名：*Menispermum dauricum*
- 英文名：Asiatic Moonseed
- 俄文名：Луносемянник даурский
- 防己科，蝙蝠葛属

植物的名字当中往往会出现某些动物的名字，这些植物与其命名的动物在某些方面很类似，因此就加上这些动物的名字来命名了，比如驴蹄草、舞鹤草、燕子花等。蝙蝠葛也是这样的植物，一看见它的叶子我们就知道它为什么叫作蝙蝠葛了。

蝙蝠葛叶形变化较大，常见盾形及心形两种，叶中间有网状脉纹。无论怎样，它们的形状都与蝙蝠的样子相像。蝙蝠联想起来有些恐怖，但蝙蝠葛却温柔得多，仔细看它的叶子就很招人喜爱呢。

从植物分类上，蝙蝠葛属于防己科蝙蝠葛属植物。它还有一个中药商品名，叫作北豆根。蝙蝠葛的白色花瓣虽然不大，但细长花梗上有 10 余朵簇在一起，从叶子下面垂下来，也优雅得很呢。

蝙蝠葛的花期在初夏的六月，那时的山林到处弥漫着花香，不妨去林中溜达溜达，蝙蝠葛也许就在来时的路上等着你呢。

蝙蝠葛

沼生蔊菜

- 拉丁名：*Rorippa palustris*
- 英文名：Bog Yellowcress
- 俄文名：Жерушник болотный
- 十字花科，蔊菜属

沼生蔊菜

六月，稻田里的秧苗已经被安安稳稳地插在水里，它们每天喝着稻田里的水，在阳光下面飞快地成长。就在稻田附近的水塘边，还有一些特别喜欢在水里生长的植物，也在那里郁郁葱葱地生长着。大叶子的泽泻、戟形叶的慈姑、细长叶的香蒲，还有一种更喜欢滨水生长、茎下部微微发紫、开着小黄花、叶子很像荠菜的植物，那就是沼生蔊菜。

也在这个时候，陆地上同样有一种蔊菜属的植物，欣然地开着花。它的花色与沼生蔊菜一样，都是黄色的，在茎枝顶端聚成类似圆锥形的花序也很相像，它就是风花菜。它们两个最大的区别在茎上：沼生蔊菜的茎下部常带紫色，无毛；风花菜的茎是绿色的，茎下部坚硬，接近木质，而且常常长着白色的长毛。另外，沼生蔊菜的短角果实椭圆形，而风花菜的短角果实接近球形，风花菜因此又叫球果蔊菜。

沼生蔊菜在水边随性地开着，有时能有一小片。风花菜在路边的草丛里只是零

风花菜

星地长着几株，它们开的黄色小花都很微小，常常不被我们留意，然而我总觉得虽然它们长得微小，却很真实地存在着，我还是很喜欢它们。如果非要让我比较的话，我更偏爱风花菜，我不知它粗壮而坚实的茎是怎样长成的，但那般坚硬的风骨，的确打动我了。

水芋

- 拉丁名：*Calla palustris*
- 英文名：Wild Calla
- 俄文名：Белокрыльник болотный
- 天南星科，水芋属

水芋——这个漂亮的野生观赏植物，与花店里卖的叫一帆风顺的水培植物还是有几分相似的：同样的须根，同样的白色佛焰苞，同样的心形叶子。如果不是生长

水芋

在野外的环境里，你一定会误认为它就是家花。我试着在家培育了几株，但它的茎太柔软了，总是折下来，让我心痛，所以我又把它重新放回自然界中。

水芋的花期较早，六月初水芋纯白色的花（佛焰苞）就开放了，花期持续到七月。待到八月，水芋的果实开始成熟，变成深粉红色，紧密地靠在一起，形状很像菠萝。

在小兴凯湖沿岸及虎林市至饶河县的公路边的水沟里生长着大量的水芋。如果夏季你有机会来到这些地方，就看看这漂亮的水芋吧，它一定会让你大饱眼福。

牛叠肚

- 拉丁名：*Rubus crataegifolius*
- 英文名：Horthornleaf Raspberry
- 俄文名：Малина боярышниколистная
- 蔷薇科，悬钩子属

北大荒的六月仿佛就是灌木的天堂。在六月里开花的灌木特别的多，从忍冬、绣线菊、荚蒾到下面我将要提到的悬钩子。这几种花几乎同时开放，花色有白色、黄色及粉色等，但以白色花居多。

北大荒常见的悬钩子主要有牛叠肚（山楂叶悬钩子）和库页悬钩子。两者主要区别是叶形的不同：牛叠肚的叶子像山楂叶，有掌状分裂；而库页悬钩子的叶子，常为 3 枚小叶，卵圆形，没有分裂。

牛叠肚

库页悬钩子

“牛叠肚”也称山楂叶悬钩子，老百姓常常称它为“托盘”，北大荒也有很多人把它叫“树莓”，这几种叫法都与它果实的形状有关，因为它的果实很像长满了疙瘩的草莓。味道也有点像草莓，酸中带甜。

聚合草

- 拉丁名：*Symphytum officinale*
- 英文名：Medicinal Collectivegrass
- 俄文名：Окопник лекарственный
- 紫草科，聚合草属

当六月的阳光照耀大地，鸟儿的鸣叫声仿佛更加清脆了，小河的水面也更加明亮起来，开在六月里的花也越发光艳了。我依旧不愿辜负这美好的六月时光，一定

聚合草

得去野外走走，说不定还会有新的发现。

沿着去乌苏里江边的路，还没走到一半，就发现了一种我没见过的植物。它大大的叶子郁郁葱葱，从主干分生出来的侧枝就是它的花序枝，花序枝的顶端是一簇簇像小灯笼似的粉色小花，很可爱，这种植物就是聚合草。

聚合草的叶子非常巨大，它的叶子可以长将近1米。这些粗大的茎叶可以做家畜青饲料，我采了一大捧试着去喂人工养殖的大雁，没想到大雁吃得很起劲，看来它们还真的很美味呢。

聚合草的原产地在俄罗斯，二十世纪六十年代传入我国，现在除了栽培之外，已经在野外逸生了。巧的是，我在俄罗斯列索扎沃茨克市的街头，看到了开着蓝色花的聚合草，它们一小片一小片地开着，好像已经被人们视为观赏花卉了。

东北锦鸡儿

- **拉丁名:** *Caragana manshurica*
- **英文名:** Manchurian Peashrub
- **俄文名:** Карагана маньчжурская
- **豆科，锦鸡儿属**

这里所说的锦鸡儿不是山林里会飞的五彩山鸡，而是豆科锦鸡儿属的一种植物。东北锦鸡儿则是北大荒这片土地上常见的锦鸡儿属植物。

东北锦鸡儿是高 1 ～ 2 米的灌木。它的花黄色，花冠蝶形。蝶形花冠是豆科蝶形花亚科植物所特有的，所以有把豆科蝶形花亚科称为蝶形花科的说法。蝶形花冠是离瓣花的一种，共有 5 片花瓣——上面最大的一片叫旗瓣，两侧的 2 片叫翼瓣，最下面的 2 片叫龙骨瓣。东北锦鸡儿的旗瓣近圆形，翼瓣先端稍尖。有时这 5 片花瓣闭合在一起，不易分辨。所以在分辨锦鸡儿属植物时还要看看它的叶形，花是否单生以及花梗的长度等细节。东北锦鸡儿的叶为偶数羽状复叶，托叶硬化为刺状，花梗长并且常常单生，少有 2 个并生在一起的。

锦鸡儿花型漂亮，常作为园林观赏植物。常见的园林栽培的锦鸡儿品种为树锦鸡儿，它的叶形也是偶数羽状复叶，但它的花常常 2 ～ 5 朵簇生在一起，与东北锦鸡儿不同。

东北锦鸡儿

芍药

- 拉丁名：*Paeonia lactiflora*
- 英文名：Common Peony
- 俄文名：Пион молочноцветковый
- 芍药科，芍药属

天蓝水静，在这水天一色的六月里，芍药花在林中吐露着芬芳。

许多人都喜爱芍药。它洁白或白中透粉的大花瓣，在远处就能看到。芍药不仅花好看，它椭圆形的叶子也很入眼，还有它甜蜜的花香更是受人青睐。野外见到芍药，心里总觉得美滋滋的。只可惜总是有人把野外的芍药挖回家，导致芍药在野外的数量日渐稀少，不像从前那样随处可见了。

芍药

草芍药

除了常见的芍药之外，北大荒还有一种草芍药。它的花比普通的芍药花小，花是玫粉色的，而它的叶子卵形，因此又被称为卵叶芍药，它在野外的数量较少。我在野外见到数量最多的卵叶芍药是在洪河自然保护区的林中，它们在那里已经得到很好的保护，令人欣慰。

草芍药

一次我在野外观察植物，突遇大雨。这时我在路边发现了一株开着五六朵花的大芍药，雨滴打在它的花瓣上，形成一个个圆润的小水珠，雨中的芍药是那般素净纯洁。多年以后，那雨中芍药的画面，还总是被我想起。

欧洲千里光

- 拉丁名：*Senecio vulgaris*
- 英文名：Common Groundsel
- 俄文名：Крестовник обыкновенный
- 菊科，千里光属

欧洲千里光可能是千里光属最渺小的植物了，它的株高一般十几厘米，不仅渺小，更不漂亮，好像从来不能引起人们的注意，却没想到它会有着这样一个洋气的名字，让我一下子记住了它。

欧洲千里光是菊科植物，它的花黄色，总是聚在一起，无法展开的样子。因为它只有管状花，没有舌状花，所以永远也不会“盛开”。

很多年前，田间地头、公路两旁以及住家的房前屋后，到处都有它的影子，而

欧洲千里光

现在，随着交通以及居住环境的日渐改善，欧洲千里光也变得很少见了，以至于对这个不曾引起我关注的朋友，陡然增加了很多想念。

假升麻

- 拉丁名：*Aruncus Sylvester*
- 英文名：Goatsbeard
- 俄文名：Волжанка двудомная
- 蔷薇科，假升麻属

初夏时节，在茂密的树林当中，有一种远看如像荻草一样亮白的花正在盛开。它的花序像一条条长穗，向四周伸展，比荻草更惹眼，它就是假升麻。

假升麻

假升麻

假升麻身形高大，常有 1 ~ 2 米高，它的茎也非常粗大，下部接近木质，它的叶子有些像白桦树的叶子。假升麻是雌雄异株的植物。雄株花枝的花当中的雄蕊明显超出花冠，雌株花枝中雌蕊短于花冠。

我很喜欢像假升麻这样的花，它们的花枝在风中摇曳的样子，是那么轻盈快活。只可惜它的花期很短，只有 10 天左右。

二叶舌唇兰

- 拉丁名：*Platanthera chlorantha*
- 英文名：Twoleaf Platanthera
- 俄文名：Любка зеленоцветковая
- 兰科，舌唇兰属

东北的兰科植物除了杓兰属的种类较多之外，还有舌唇兰属的。常见的兰科舌唇兰属植物有二叶舌唇兰、蜻蜓兰及密花舌唇兰等。

二叶舌唇兰及蜻蜓兰的花期都在六月，只有密花舌唇兰的花期在七月。二叶舌唇兰与蜻蜓兰很像，它们的花都是淡淡的绿白色或黄绿色，蜻蜓兰的花小而密集，而二叶舌唇兰的花较大。从叶子的区别来看，二叶舌唇兰基部有两个大大的几乎对

二叶舌唇兰

蜻蜓兰

生的叶子，大叶之上则是披针形苞片状的小叶子，而蜻蜓兰的叶子互生，自下而上逐渐变小。另外，蜻蜓兰的花药上有深紫色的花粉团，很像蜻蜓的一对眼睛，蜻蜓兰这个名字还真的很形象。

这几种舌唇兰植物最神秘的应属密花舌唇兰。它喜欢湿润，常常生长在水沟边的湿草地，我们与之经常是隔水相望，只能看见一穗穗白色的花，看不清楚花的细节。相比其他两种舌唇兰来说，密花舌唇兰植株高大，近1米，它的叶子线条形，把它洁白的花穗衬托得更美了。在我眼里，它是这几种舌唇兰当中最美丽的、我最偏爱的一种。

密花舌唇兰

密花舌唇兰

小花溲疏

- 拉丁名：*Deutzia parviflora*
- 英文名：Smallflower Deutzia
- 俄文名：Дейция мелкоцветковая
- 绣球科，溲疏属

梨花飘落之后，山林中仍然精彩纷呈。东北山梅花、小花溲疏这样的灌木也打起了骨朵，酝酿着新一季的花事。

比起东北山梅花来，小花溲疏更加妩媚。它的花比山梅花小很多，但小而繁密。它的伞房状花序形成白色的花团，未开花时，花蕾就像一个白色的小圆球，花开时就能看见它有5个也很接近圆形的花瓣，有的花瓣边缘还有轻微的缺口。花瓣中央，洁白透明的花丝顶着淡黄的花药从花瓣中伸展出来，这白与黄的组合把小花溲疏变得更加清丽可人了。

小花溲疏

如果说东北山梅花是山林中的常客，那么小花溲疏就是稀客了。偶尔只能在山林边缘或山腰下见到。六月中旬的一天，我在乌苏里江畔大顶子山进山的公路旁见到了它，它正繁盛地开着，那浪漫的花影至今还在我的脑海里荡漾。

耳叶蓼

- 拉丁名：*Polygonum manshuriense*
- 英文名：Earleaf Knotweed
- 俄文名：Змеевик маньчжурский
- 蓼科，萹蓄属

蓼科萹蓄属（蓼属）是一个种类比较多的属。萹蓄属植物开的花有穗状的，也有头状的，花的颜色常常是红色、粉色及白色的，它们的花期都比较晚，六月到八月居多。

六月最早开花的萹蓄属植物当属耳叶蓼，如果此时你在林缘或山坡草地，看见淡粉色而且花序密集的穗状植物，大概就是耳叶蓼了。耳叶蓼还有一个明显的特征：它中上部的叶抱茎，并有明显的叶耳，因此被称为耳叶蓼。

狐尾蓼

六月中下旬开花的狐尾蓼则是萹蓄属里的美人。它的株高 1 米左右，颀长的披针形叶子及高高的白色穗状花序总是高出草地，不用走近就能看见。狐尾蓼散发出浓香，甚至有些臭，昆虫大概很享受这种味道，我在它的花序上每次都能看见不同种类的昆虫吸食它的花粉。狐尾蓼与耳叶蓼不同，它的叶不抱茎，也无叶耳，而且它比较喜欢生长在湿草甸中，现在也比较少见。

杠板归

六月末，常能在野外见到一种名叫杠板归的萹蓄属植物。不细看，其实我们几乎看不到它的花。它的花白色居多，只是在顶部微微张开一个小口。七八月，它的花被片慢慢增大，有的变成蓝色，有的变成紫色，也有的依旧是绿色，就像一串颜色各异的小葡萄。

杠板归的叶子是三角形的，它的茎四处攀缘，茎上倒生着皮刺。小时候我们摘取它的叶子来吃，虽然很是小心，但还是防不胜防，手背总是被刺出一条条红印，但那酸酸的味道已经入口了……

尖萼耧斗菜

- 拉丁名：*Aquilegia oxysepala*
- 英文名：Early Columbine
- 俄文名：Водосбор острочашечный
- 毛茛科，耧斗菜属

提起野花，人们的脑海里闪现最多的还是常见的芍药、百合等。当我第一次见到尖萼耧斗菜时，才知道它完全不同于百合、芍药之类的花，我甚至没有想到，北大荒这片土地上还长着这样美丽的花。

尖萼耧斗菜的美，我以为主要还是它独特的造型。它的 5 枚萼片深紫红色，将整个花瓣包裹住。随着耧斗菜花的开放，这些紫红色的萼片也慢慢张开，露出里面黄白色的花瓣。花瓣的数量也恰好是 5 片，围成漏斗状。更有趣的是，花瓣顶端形成距并内钩成环状，好似人们为灌注液体而使用的器皿漏斗一样，末尾还有着弯曲的手柄。

尖萼耧斗菜

尖萼耧斗菜是个大个子，高度80厘米左右。尖萼耧斗菜还有一变型，它的萼片与花瓣都是淡黄色的，叫作黄花尖萼耧斗菜。尖萼耧斗菜的花期近一个月，在整个六月几乎都能见到。现在国内外已经培育出很多个园艺品种，它们都很耐寒，开花较早。

尖萼耧斗菜的数量远不及芍药与百合多。它们总躲在深山里，很难见到。幸好它喜欢阳光，总是生长在林边及山路旁，等待着人们与它的美丽邂逅。

浮叶慈姑

- 拉丁名：*Sagittaria natans*
- 英文名：Floatleaf Narrowhead
- 俄文名：Стрелолист плавающий
- 泽泻科，慈姑属

野慈姑

每种植物都有自己独特的本领，找到适合自己生存的特殊环境。比如水生植物，它们就能在水中自由生长。有些水生植物的叶子漂浮在水面上，格外漂亮，我们这里的浮叶慈姑就是这样。

浮叶慈姑不同于寻常的慈姑，它是浮水水生植物，除了在水中的沉水叶外，它的浮水叶像柳叶一样横七竖八地浮在水面上，只有它的花葶挺出水面，开着和野慈姑一样的花朵。

野慈姑是挺水水生植物。它有着与其他水生植物不同的叶片，它的叶片为细长的戟形，长短变异很大，但都有很强的观赏性。野慈姑圆锥状的花序，长5～20厘米，花常3朵轮生于节上。野慈姑有着美丽的白色花瓣，雌雄同株，雄花在上，雌花在下。

野慈姑

野慈姑不仅是美丽的观赏花卉，其中一变种的球茎富含淀粉，还能蒸煮食用。我国南方部分省市至今还有菜农将它作为蔬菜种植。

屋根草

- **拉丁名：** *Crepis tectorum*
- **英文名：** Narrowleaf Hawksbeard
- **俄文名：** Скерда кровельная
- **菊科；还阳参属**

屋根草有时并不长在我们的屋前，因为我们居住的周围都是水泥地了，没了土壤，屋根草就无法生长。好在我们在野外还是可以见到屋根草的，它似乎也不介意土壤的肥沃，不论生长在哪里，总是成片盛开。

一看它的花就知道它是菊科植物，它有着与蒲公英相似的小花，花的颜色也与蒲公英一样，就是小了点儿。屋根草的高度虽然有50厘米左右，但它的茎较硬，多数丛生在一起，很少倒伏。屋根草比较容易识别，因为它的叶子不是普通的绿色，而是发灰的灰绿色，并且呈披针形从基部向上逐渐变小，直到最后变成线形。

我曾经采过一束屋根草，经过数日还能闻到它淡雅的香味。只可惜，屋根草的花在中午强光之下就合拢了，美丽也就此消失了。

屋根草

山葡萄

- 拉丁名：*Vitis amurensis*
- 英文名：Amur Grape
- 俄文名：Виноград амурский
- 葡萄科，葡萄属

山葡萄大概是我们最熟悉的野生植物了，不用多说。我只想说一下它不被我们注意的花。它的花期在六月，花色黄绿，几乎看不到花瓣，只能看到花丝，完全没有花的感觉。

山葡萄的藤可以爬得很高。我曾在八五六农场大青山上的一棵大树上，看到了爬满了整棵树的葡萄藤，有十几米高。时值九月，它已经结满了黑紫色的葡萄，我摘下来尝了尝，尽管有些酸，但它早就甜到我的心里了。

"十一"过后，山葡萄又变了模样，它的叶子像夕阳映红的霞光，红彤彤的颜色，完全超出了我的想象，它们耗尽毕生的力量，在万物即将凋零的冬季到来之前，释放出最最耀眼的光彩！

山葡萄

山刺玫

- 拉丁名：*Rosa davurica*
- 英文名：Dahurian Rose
- 俄文名：Шиповник даурский
- 蔷薇科，蔷薇属

山刺玫是蔷薇科蔷薇属的灌木。每年六月，是山刺玫的花期，它有着艳丽的粉色大花，直径可达4厘米左右，由于枝茎上皮刺较多，所以不能靠得太近，山刺玫也因此在野外存量较多。

玫瑰是一种古老的植物，倾靡整个欧洲，但它的原产地在中国。玫瑰也是有名的爱情之花，它的香气浓郁，不仅大量用于观赏园艺，而且在美容、饮食领域也逐渐普及。

用玫瑰花提炼出来的精油被称为“液体黄金”，它富含维生素C，具有活络气血、调节内分泌等功效，还能缓解头痛、恶心、精神抑郁等症状。用玫瑰花蕾冲

山刺玫

泡成花茶，长期服用能养颜排毒。在花期采摘新鲜的玫瑰花瓣制成茶点，香甜可口。云南生产的玫瑰鲜花饼已作为云南特产，几乎被所有来云南旅游的人争相购买。

山刺玫

并头黄芩

- 拉丁名：*Scutellaria scordifolia*
- 英文名：Twinflower Skullcap
- 俄文名：Шлемник сердцелистный
- 唇形科，黄芩属

我第一次见到并头黄芩，就觉得很漂亮，蹲下来开始慢慢欣赏它。它是个矮个子，株高 20 厘米左右。并头黄芩是唇形科植物，所以它有着唇形的花瓣，蓝紫色的花冠色泽饱满，总是成对生长在叶腋内，每个节间都会有一对，很耐看。

较京黄芩而言，并头黄芩的花冠更大些。它们的叶子也相区别：京黄芩的叶子卵圆形，并头黄芩的叶子狭三角形。

京黄芩与并头黄芩都在六月开花。我因为喜欢并头黄芩，所以移栽了几棵，没想到第二年，并头黄芩就繁殖成紫莹莹的一大片，而且花期很长，绵绵延延一直开到九月，让我惊喜不少。

京黄芩

并头黄芩

山莴苣

- 拉丁名：*Lactuca sibirica*
- 英文名：Siberian Lattuce
- 俄文名：Латук сибирский
- 菊科，莴苣属

山莴苣又名北山莴苣、山苦菜，是菊科莴苣属植物。山莴苣长得飞快，从它初生那一刻起，就开始迅速生长，一个多月身高就可达到 1 米，等到六月中旬的时候，它就开花了。山莴苣经常成片生长在一起，紫色的花在茎的顶端排列成伞房状花序，单看就是一个个紫色的小菊花，谁见了都有想去摘下一朵的冲动。

山莴苣比较好辨识，它的叶子上部几乎为全缘，它开着紫色的花，不像其他开着黄花的莴苣属植物。本属还有一个著名的栽培品种——生菜，它开的花还是常见的黄色。

山莴苣

黑水罂粟

- 拉丁名：*Papaver amurense*
- 英文名：Amur Poppy
- 俄文名：Мак амурский
- 罂粟科，罂粟属

儿时不识虞美人，只知晓它的俗名——小烟花。小烟花是相对大烟花而言的。小烟花就是我们平时庭院种植供观赏的园林品种虞美人，而大烟花是用来提炼鸦片的罂粟，它的花型比小烟花大。

除了虞美人和罂粟之外，在黑龙江北部自呼玛、黑河、北安向南直到牡丹江、林口等地，还生长着一种野生的黑水罂粟。黑水罂粟是野罂粟的变型，它的花白色，与野罂粟黄色、橘黄色花相区别。因为是罂粟科罂粟属的植物，它的花和罂粟属的著名观赏花卉虞美人一样娇艳，只可惜它的花期太短，美丽不常在。

黑水罂粟

上小学的时候，见到同学家院里的虞美人特别漂亮，就从同学家要了几棵，同学的父亲说它很难被栽活，但我移栽的那几棵竟然全部都成活了，可能我自小就跟植物有缘吧。

我很怀念小时候的虞美人，还想再种一小片，但现在很多人一提到罂粟属的植物就谈虎色变，以为它们都是毒品罂粟，是被禁止种植的。其实不然，不是所有罂粟属植物都含有吗啡的，现在园林上就培育出很多供观赏的罂粟属的植物。为与毒品罂粟区别开来，它们的名字都冠以某虞美人的名字，是可以种植的。至于区分哪种能种、哪种不能种，也不难：茎叶上有毛的，就是观赏罂粟，可以种植；茎叶上没有毛的，

黑水罂粟

花又是重瓣的，基本就是毒品罂粟，是绝不可以种植的，千万不能大意。

去年夏天我在一户人家的房前，看见了一小片颜色各异的虞美人，又勾起了无数童年美好的回忆。我向这家人索要了些种子，光想象它们娇艳的靓影，就已经美在心里了。

野芝麻

- 拉丁名：*Lamium barbatum*
- 英文名：Barbate Deadnettle
- 俄文名：Яснотка бородатая
- 唇形科，野芝麻属

在黑龙江很少有人栽培芝麻，但田野里却生长着一种叫作野芝麻的植物，它们的叶子和花都很像芝麻。如果从审美的角度，它们长得可比芝麻好看多了。

野芝麻的茎中空，四棱形。它的叶子对生，每对叶子与上方的一对方向不同，大约差 90° 角，很有意思。野芝麻开白色的花，唇形的花瓣形成轮伞花序围绕在茎

野芝麻

周围，花冠直径长约 2 厘米，很有风韵。

花季过后，它的绿色的茎慢慢变成紫红色，就连叶子也有些许淡淡的紫红色，有点认不出了。

缬 草

- 拉丁名：*Valeriana officinalis*
- 英文名：Common Valeriana
- 俄文名：Валериана лекарственная
- 忍冬科，缬草属

蓝天碧水的夏日，田野里依旧多姿多彩。如果遇见一片开阔的草地，也许是近日下雨的缘故，里面仍然存着积水，但我们还是能看到有很多野花长在其中：白色的唐松草，淡黄色的黄花菜，橘黄色的金莲花，还有一种名叫缬草的花，也从草地

中秀出一团团不深不浅的粉。

缬草

如果再仔细观察，就会看见缬草的花非常琐碎细小，但组成大团的密集的聚伞圆锥花序却十分注目。缬草美丽，它的花却散发出一种难闻的臭味，以这样的味道去寻找它，一般不会出错。

北大荒的草地除了常见的缬草之外，还有一种黑水缬草，它长着与缬草同样的花，但它的茎上有腺毛，看起来是灰绿色的，而且更粗糙；黑水缬草叶子的裂片卵形，而缬草叶子的裂片细长披针形，所以黑水缬草看起来叶子更宽大，比较容易识别。

缬草的根可以入药，是著名的镇静剂，除了治疗胃病之外，还可治疗癫痫、抽搐等。缬草中含有一种挥发油，释放含有信息的物质——外激素，可以直接作用于中枢神经系统，这种外激素的释放，有性引诱作用，对小动物刺激强烈，所以不要从野外带回家，否则会引起猫群无休止的争斗。

黑水缬草

长瓣金莲花

- 拉丁名：*Trollius macropetalus*
- 英文名：Longpetal Globeflower
- 俄文名：Купальница крупнолепестковая
- 毛茛科，金莲花属

蔚蓝的天空，点点白云，碧绿的青草地，还有草地上一片又一片盛开的金莲花。时而有微风吹过，含笑的金莲花随风摇摆，好像在向我们点头致意。如此美丽的田野就是我童年时采花玩耍的地方。我疯狂喜欢植物的原因，大概就是童年里太多这样美好的场景，驱使我不断地游走，就是为了看自然界中的野花。

长瓣金莲花

我爱金莲花，特别爱它那纯正的橘黄色：它的 6 枚卵圆形的萼片是橘黄色的，很久都被我误以为是花瓣；中间的长长地指向天空的部分才是它真正的花瓣，也是橘黄色的。比起花萼的长度，它的花瓣长度要比萼片多一倍，所以被称为长瓣金莲花，它也是北大荒最常见的金莲花。

童年时遍地开满金莲花的草地早就不见了，这么多年一直没有见到成片的金莲花，至少我家附近是没有的。为了再次见到它，我开始到处寻找，终于在离我家百十里地的八五〇农场找到了它，这已经算是观赏金莲花最近的地点了。好在八五〇农场还保留了一片草原，并在那里立起一块石碑，石碑上面刻着“完达山草原”的字样，看样子这片草地或许能被长期保留下来。

我每年都去那里观赏金莲花，看着那直指蓝天的橘黄色花瓣，仿佛又回到了童年时光……

长瓣金莲花

黄檗

- 拉丁名：*Phellodendron amurense*
- 英文名：Amur Corktree
- 俄文名：Бархат амурский
- 芸香科，黄檗属

黄檗的名字远不如它的俗名黄菠萝那样被人熟知。黄檗的树干多年以后可以形成像菠萝皮一样的厚木栓层，木栓层是制造软木塞的材料。黄檗的拉丁文“Phellodendron”，意思就是软木树。

东北三省遍布黄檗树，北大荒的黄檗树常常有 10 余米高。黄檗的花生在树的顶端，黄绿色，花瓣与花萼都有 5 枚。黄檗的树叶为奇数羽状复叶，叶子卵状披针形，叶缘有细密的钝齿，颇具观赏性。

黄檗

黄檗是芸香科的植物，芸香科植物多为乔木或灌木，鲜为草本。芸香科植物一般具有芳香的挥发油，黄檗也不例外。

暮秋时，黄檗的种子变成了蓝黑色，黄檗的树叶变得鲜黄而明亮，一树的金黄在秋风中飘摇，把秋天都摇成黄色的了。

羊耳蒜

- **拉丁名：** *Liparis campylostalix*
- **英文名：** Japanese Twayblade
- **俄文名：** Глянцелистник японский
- **兰科，羊耳蒜属**

兰科植物真是喜欢幽静的君子，它们总是远遁于林下幽暗潮湿或荫蔽的草丛中，不想被世人打扰，想看到兰科植物真的不容易。

在东北的山林中，有一种兰科羊耳蒜属的植物，就叫羊耳蒜。正是由于对环境的特殊要求，羊耳蒜在野外分布很少，也不易被发现。

同其他的兰科植物差不多，羊耳蒜也只有 2 枚叶子，叶子卵形或卵状长圆形。在六七月都可以见到羊耳蒜的花。它的花有紫红色和淡绿色两种。紫红色的花唇瓣不反折，淡绿色的花唇瓣反折，略有区别。

羊耳蒜

羊耳蒜

湿地黄耆

- 拉丁名：*Astragalus uliginosus*
- 英文名：Wetland Milkvetch
- 俄文名：Астрагал болотный
- 豆科，黄芪属

在野外，有时会看到一种叶子与野豌豆差不多的豆科植物，但它们开花的颜色却与野豌豆的紫色不同，它们的花色浅白或略带黄色，它们也是豆科植物，常见的有黄芪属的湿地黄耆（湿地黄芪）以及苦参属的苦参。

湿地黄耆与苦参都生在野外，在房前屋后是见不到的。它们的身形高大，都有明显的地上茎。湿地黄耆的总状花序密集，开花较早；苦参的花序则比湿地黄耆稀疏，花梗也更长，苦参的高度有 50 ～ 100 厘米，比湿地黄耆更高。

苦参

西伯利亚远志

- 拉丁名：*Polygala sibirica*
- 英文名：Siberian Milkwort
- 俄文名：Истод сибирский
- 远志科，远志属

在通往山顶的灌木丛旁，或者上山的石砬小径旁，西伯利亚远志就如同小草一样，默默无闻地生长着。

要想见到西伯利亚远志，除了选择适合它的生长地之外，还要在六月——它的花期，因为它的株高一般只有10余厘米，很不起眼。但我第一次见到它时，还是被它震撼到了。这样小草一般的植物，却有不寻常的花！它的花型结构复杂：有小苞片、萼片及不同类型的花瓣，并且呈现出不同的紫色。最引人注目的还是那花瓣上长着散开的呈球形的流苏，与海底生长的珊瑚有几分相似。

西伯利亚远志

西伯利亚远志还是一种可以安神的中草药，可以治疗失眠多梦、健忘惊悸等症。

白花蝇子草

- **拉丁名**：*Silene latifolia* subsp. *alba*
- **英文名**：White Campion
- **俄文名**：Дрёма белая
- **石竹科，蝇子草属**

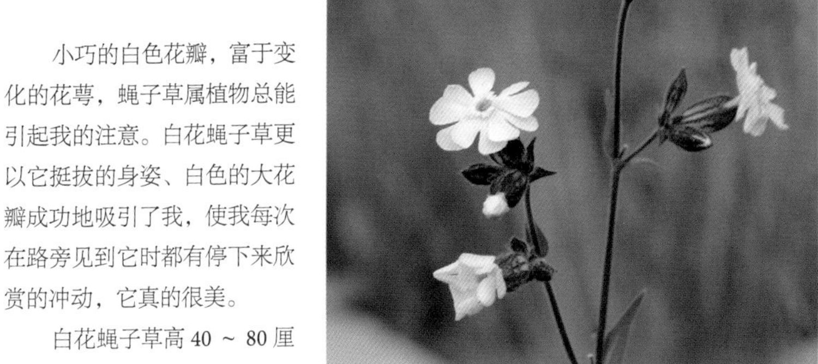

白花蝇子草

小巧的白色花瓣，富于变化的花萼，蝇子草属植物总能引起我的注意。白花蝇子草更以它挺拔的身姿、白色的大花瓣成功地吸引了我，使我每次在路旁见到它时都有停下来欣赏的冲动，它真的很美。

白花蝇子草高 40 ~ 80 厘米，雌雄异株。雄花萼筒钟状，上有 10 条纵脉；雌花萼筒卵形，上有 20 条纵脉。除了萼筒的造型不同之外，它们的颜色也有红绿两种。

在公路两侧还常见一种蔓茎蝇子草，高度只有 20 厘米左右。它的花萼筒也有红绿两色，以紫红色居多。

我常想，蝇子草这样生动细致、富于变化的造型，如果被设计者发现，一定会作为一

蔓茎蝇子草

蔓茎蝇子草

种新的题材，运用到杯盘碗碟等常见的生活器皿或布料装饰品上。我期待着这一天，如果发现了蝇子草图案的饰物，我一定会在第一时间购买。

同花母菊

- 拉丁名：*Matricaria matricarioides*
- 英文名：Pineappleweed
- 俄文名：Лепидотека пахучая
- 菊科，母菊属

上中学的时候，学校操场上有一大片同花母菊。我常常采下几朵，去闻它散发出的特殊香气。那是一种不寻常的香气，是同花母菊独有的，只有亲自闻一下才会知道。

野生的母菊属植物在东北只有同花母菊这一种。同花母菊高度只有 10 余厘米，它的花黄绿色，全部都是管状花，没有明显的花瓣。看起好像蘑菇头似的。

同花母菊常常生长在民宅旁边的空地或者路旁，形成群落，是很常见的地被植物，但如今好像销声匿迹了，它躲到哪里去了呢？我真想再找到它。

同花母菊

大叶猪殃殃

- 拉丁名：*Galium davuricum*
- 英文名：Dahurian Bedstraw
- 俄文名：Подмаренник даурский
- 茜草科，拉拉藤属

六月里的草地上，一些有着 4 枚花瓣的白色小花在开放，它的茎也有 4 个棱角，它的叶子一圈圈地长在茎周围，它们就是茜草科拉拉藤属植物里名叫猪殃殃的植物。植物志里说，拉拉藤属里的有些种类，因猪食后会生病遭殃，所以叫作猪殃殃。

大叶猪殃殃

最常见的猪殃殃有大叶

北方拉拉藤

猪殃殃及北方拉拉藤等种类。大叶猪殃殃的茎细弱，通常攀缘或上升，并且上部分枝较多；北方拉拉藤的茎粗壮，直立生长。从叶上看，二者的区别也很明显：大叶猪殃殃的有 5 ~ 6 片轮生的叶子，叶子上只有 1 条中脉，而北方拉拉藤有 4 片轮生的叶子，叶子上有 3 条脉。

从观赏价值来看，北方拉拉藤的白花密集成团，更加引人注目。此外，北方拉拉藤还有一种甜甜的香味，作为观赏品种来培育是不是也很不错呢？这样的话，它的美就可以被更多的人欣赏了。

北方拉拉藤

北方拉拉藤

龙须菜

- 拉丁名：*Asparagus schoberioides*
- 英文名：Schoberia-like Asparagus
- 俄文名：Спаржа шоберневидная
- 天门冬科，天门冬属

龙须菜镰刀形的叶状枝纤细如须，所以被称为龙须菜。此外，它还有一个好听的名字——雉隐天冬，它是天门冬科天门冬属的草本植物。

野生的龙须菜生在林下或山坡上，比较常见。老百姓对龙须菜的栽培也相当广泛。在五月末，龙须菜的嫩苗长到 20 多厘米的时候，作为鲜美的蔬菜，常常可以在集市上买到。

龙须菜的花白中泛黄，只有几毫米大小，一般在六月开花。到了七月，龙须

龙须菜

菜的球形果实就开始由绿变红了，那一颗颗红豆在细密的绿枝间时隐时现，也很有趣。

兴安独活

- **拉丁名**：*Heracleum dissectum*
- **英文名**：Xing'an Cow Parsnip
- **俄文名**：Борщевик рассечённый
- **伞形科，独活属**

兴安独活

春天，我们在林中总会遇到一种大叶子的、长得有些粗壮而高大的植物，它的茎有棱并且长着白色的毛，看上去与我们食用的芹菜有些相似。到了夏季，它长得更高大了，常常 1 米多高。它的白色复伞形花序从顶部抽出，白色的花瓣有些大小不一，它就是伞形科独活属的成员——兴安独活。

独活属有一个共同的特征就是伞形花序边花的外侧花瓣比内侧花瓣大，所以我们看到它就会觉得它跟普通的伞形科的花不太一样。

独活属植物在黑龙江只有兴安独活、短毛独活两种。仔细看来，兴安独活的叶子的侧小叶呈羽状深裂或缺刻，伞形花序的伞梗数量明显多，植株整体粗糙多毛；短毛独活的叶子的侧小叶多为 3 ~ 5 浅裂，伞梗较少，植物整体比较平滑。

兴安独活

兴安独活，民间称为老山芹，在春季嫩苗时作为山野菜食用。有些老百姓还会从山上挖回一些，在自家院里栽培，但是它们喜欢湿润阴凉的环境，在农家院里不一定长得好，除非模仿它们原来自然生长的环境，这可要费些心思和力气了。

酸模

- 拉丁名：*Rumex acetosa*
- 英文名：Green-souse Dock
- 俄文名：Щавель кислый
- 蓼科，酸模属

童年最开心的事就是假日里去野外采菜。其实我们未必要采多少菜，采菜的过程中，我们可以在野外边走边玩，“采菜”已成为我们接触自然的主要方式。

我们从哥哥姐姐那里，或从一起玩耍的小伙伴那里，认识了很多野菜。其中有一种叫作“酸不溜”或“酸模浆”的植物，我们并不把它采回家，每当见到它时会立即就把它“消耗”掉。那时没有现在这种方便携带的塑料瓶装水，想要带水就很麻烦，所以我们在近处采菜时一般也不会带水。渴了的时候，就会寻找“酸模浆”，它细长的叶子一丛丛向上立着生长，我们就咀嚼它的叶子用来解渴。在野外，要是谁第一个发现了“酸模浆”，一定会大声喊出来，大家立刻围拢过来，你一把我一把地就把它吃掉了，当然它也确实有解渴的作用。

“酸模浆”的学名叫“酸模”，是蓼科酸模属的植物。它的叶子味道很酸，我们把它叫“酸不溜”或“酸模浆”，还是很有道理的。对它的叶子我真是太熟悉了，却从没见过它开花结果的样子。直到近几年才在六月看见它开花。它的花梗从叶子中间长出来，长到近 1 米高的时候，就开花了。它的花是白色的，很小，不仔细看很难看清。

小时候，酸模就是我们的“救命稻草”，不管它后来长成什么样子，我们都会喜欢它的。只是我们对它还是了解太少，我至今还没有仔细看过它结籽的样子。看来，我在野外还有很多事情要做呢。

酸模

褐毛铁线莲

- 拉丁名：*Clematis fusca*
- 英文名：Stanavoi Clematis
- 俄文名：Ломонос бурый
- 毛茛科，铁线莲属

褐毛铁线莲在铁线莲的家族里可算不上漂亮，它的萼片上密布的褐色绒毛常常令人生畏。它的颜色非常特别，我至今都没有想起还有哪种花与之有着同样的色彩。

褐毛铁线莲还有一个变种就好看得多了，叫作紫花铁线莲。它的萼片通常为紫

褐毛铁线莲

紫花铁线莲

红色，而且萼片上绒毛很少。褐毛铁线莲与紫花铁线莲是藤本植物，总是攀缘于其他植物之上。它们的花期相近，六月至七月都可以见到。

我在内蒙古还见到一种野生的开着紫色并且重瓣的铁线莲花，它的花型比褐毛铁线莲大了很多。在俄罗斯符拉迪沃斯托克（海参崴）植物园里，我还看见过更多的大型铁线莲品种，它们颜色各异，有深浅不一的紫色、蓝色和粉色，有单瓣的，也有复瓣的，真是太迷人了。

紫花铁线莲

今年，我在八五〇农场的别墅区里也看到了大型的铁线莲品种，男主人说是在网上买的，而且能过冬。看来，喜欢花草并不都是女人的专利，这家的花草都是男主人亲自买来种植的，他家还有很多我们这里少见的园艺品种。哈哈，这才是真正爱花的人呢，要不然如何才能淘到这么多的品种呢……

二苞黄精

- 拉丁名：*Polygonatum involucratum*
- 英文名：Twobract Solomonseal
- 俄文名：Купена обёртковая
- 天门冬科，黄精属

徜徉在夏日的林荫道上，真是惬意得很。我在这样的林荫路旁最常见到的就是一种叫二苞黄精的野花。

二苞黄精有两个叶状的苞片，两个苞片里面有一对花，花白绿色或黄绿色，很不起眼，倒是那花的形状好像一个两面扎起来的裤腿，很有味道。

六月里的阳光从树林的空隙当中照射下来，除了二苞黄精之外，林荫道两旁还开着其他的野花，它们就喜欢生活在淡淡的光影之下吧。

二苞黄精

紫斑风铃草

- 拉丁名：*Campanula punctata*
- 英文名：Spotted Bellflower
- 俄文名：Колокольчик точечный
- 桔梗科，风铃草属

童年不知道它的名字，随意地把它唤作“泡泡花”，而现在知道了它真正的名字——紫斑风铃草，这样贴切而又优雅地形容，更让我对它宠爱有加。

紫斑风铃草的高度 30 ~ 50 厘米，有着粗壮的茎，能经风避雨，不容易倒伏。每次看到它，它都直直地挺立着，在风中惬意地摇摆它的铃铛。紫斑风铃草的繁衍能力很强，常常独自形成群落，很是壮观。

紫斑风铃草喜爱阳光，通常生在林缘、草地及公路旁。六月中下旬为它的盛

紫斑风铃草

花期，而且它的花散发出很好闻的香味，我每次见到它都想弯下腰，领略一下让我心情愉悦的花香。

紫斑风铃草

茴茴蒜

- **拉丁名：** *Ranunculus chinensis*
- **英文名：** Chinese Buttercup
- **俄文名：** Лютик китайский
- **毛茛科，毛茛属**

在毛茛家族里面，茴茴蒜是一个很常见的种。仅从观赏价值来看，它实在是很不入眼，几乎被我们忽略掉了。

如果你想认识它，可以观察它的叶子。植物学家根据小叶在叶轴上排列方式和数目的不同，把叶子分为掌状复叶、三出复叶、羽状复叶等不同形状。若3枚小叶集生于共同的叶柄末端，称为三出复叶。茴茴蒜的叶子就是三出复叶，而且小叶可以再分裂。

茴茴蒜并不是无用的杂草，它的全草都可以药用，在消炎、退肿方面有一定疗效。

茴茴蒜

白 鲜

- 拉丁名：*Dictamnus dasycarpus*
- 英文名：Densefruit Pittany
- 俄文名：Ясенец мохнатоплодный
- 芸香科，白鲜属

在八五八农场路边一户人家的园杖旁，一株正在开着粉花的植物引起了我的注意：那长长的大大的花序足有30余厘米，俏丽的5枚花瓣向周围伸展，花瓣带着暗紫色的脉纹；还有那不甘寂寞的雄蕊，更带着摆好的造型，秀出花瓣之外。原来，这样漂亮的花就是白鲜。

提起白鲜，可能知道的人不多，但它还有一个响亮的中药名——八股牛。白鲜作为药用，可以祛风除湿，对关节、癣类疾病有明显的治疗效果，近年来在东北地区多有栽培。

白鲜

白鲜的茎基部木质化，高度为 50 ~ 90 厘米，在黑龙江的盛花期为六月中旬前后。看起来如此漂亮的花，它的味道却不美，闻起来臭烘烘的，但它却是绿带翠凤蝶的宿主，有了它，就不怕看不见美丽的绿带翠凤蝶了。

棉团铁线莲

- 拉丁名：*Clematis hexapetala*
- 英文名：Sixpetal Clematis
- 俄文名：Ломонос шестилепестковый
- 毛茛科，铁线莲属

棉团铁线莲

一团团圆白的毛绒小球，令人想起棉花之类的东西，这就是棉团铁线莲的花蕾，棉团铁线莲的名字也来源于此。

这个毛茸茸的小球绽开之后的花瓣却是平滑的，而且通常都是 6 枚，这 6 枚花瓣也可说是它的萼片，是花瓣状的萼片，同时具有萼片与花瓣两种功能，对普通人来说，我们统称为花瓣也未尝不可。

为了衬托它的花蕾，棉团铁线莲的叶子好像有意生得细长，比柳叶还要细。干燥后的叶子变成棕褐色，上面的网纹还清晰可见。它的毛球样的花蕾，却完全超出了想象，它的颜色没有太大变化，只是有些乳白，而且还有很好的弹性，真是神奇。

棉团铁线莲对生存环境有要求，它喜欢干燥，只生长在干燥的沙岗、沙丘之上，

辣蓼铁线莲

或者林缘的沙土地及干旱的荒漠地区。它的盛花期在六月中下旬，开花的时候，棉团铁线莲还散发出一种香味。

比棉团铁线莲开花稍晚一点的，还有一种辣蓼铁线莲，它的花同样是白色的，而且香气更浓些，未到近前，就可以闻到它扑鼻的芳香。它的叶子比棉团铁线莲宽得多，它的花瓣状的萼片长圆形，也不像棉团铁线莲那样宽如椭圆。它们最主要的区别还在萼片上，辣蓼铁线莲的萼片外没有棉毛，而且它是藤本植物，在野外见到辣蓼铁线莲总是半伏卧状态，或者攀附在其他植物之上。

辣蓼铁线莲

辣蓼铁线莲分布广，在林缘、灌木丛以及杂木林中都能生长，比棉团铁线莲更常见。

茖葱

- 拉丁名：*Allium victorialis*
- 英文名：Longroot Onion
- 俄文名：Лук охотский
- 石蒜科，葱属

在黑龙江省东部完达山脉及乌苏里江沿岸的山林中，零星地分布着被当地人珍视的茖葱。茖葱易采摘而且美味，作为一种可以食用的野生植物，的确不可多得。

每年五月初，便是采食茖葱的最佳时期。这个时候的茖葱能长到 20 厘米左右。茖葱有两片椭圆形的叶子，叶子表面比较平整。有人把有毒的藜芦误认为茖葱，它们两者的叶子的确相像，但藜芦的叶子表面有凹凸不平的皱褶，这点有很大区别。另外，茖葱茎基部呈红色，与藜芦不同，采摘时一定注意区别。不熟悉的植物，千万不能乱采，以免引起中毒。

茖葱

像葱属植物的花序一样，茖葱的花序也是伞状球形，只不过是白色的，它的花期在黑龙江为六月。野外分布的茖葱数量并不多，但只要发现，就能形成群落。

茖葱既有葱的味道，又有蒜的味道，很是美味。它的吃法很多，可以生吃或炒熟吃，很多人也用它做包子或饺子馅，也很不错，但茖葱不能多食，多食后上火。

狗枣猕猴桃

- 拉丁名：*Actinidia kolomikta*
- 英文名：Kolomikta-vined Actinidia
- 俄文名：Актинидия коломикта
- 猕猴桃科，猕猴桃属

有这样一种植物，它的叶子半边绿、半边白，或者半边绿、半边粉，很多人误以为它是受了药害，其实它天生就是这个样子。我真的无法准确地形容它的颜色，总之，白色、粉色、绿色这三种颜色能以任何比例显现在它的叶子上，那颜色毫无规律可循，更像用毛笔随意沾染上的，这种植物就是狗枣猕猴桃。

狗枣猕猴桃

狗枣猕猴桃是大型落叶藤本植物。它很耐寒凉，常常生长在有一定海拔高度的山脉，在我们这一带，它只生长在北纬40度以上的区域。六月下旬，狗枣猕猴桃就开花了，它的白色小花有5枚花瓣，直径有1厘米左右。能组成聚伞花序的是它的雌花，由3朵组成，它的雄花只有单生的1朵。由于花序柄细弱，它的花总是从枝茎垂下，被掩盖在叶子后面，不注意就看不到。

八月末，它的长圆柱形的果子就开始成熟了，果实不大，长度约

狗枣猕猴桃

1 厘米。未成熟的果实呈深绿色，成熟后变成暗红色，自然掉落到地上。我捡起几个尝了尝，跟市面上卖的猕猴桃味道一样，很甜美。

菊科蓟属植物我们并不陌生。它们叶子都有刺，我们不敢轻易接近，也因此无法细分它们不同的种类。

如此我们不敢亲近的植物，开起花来就妩媚多了，比如它们当中的林蓟。林蓟的全部茎枝都有毛，茎顶端有着向下弯曲的长长的花梗，紫红色的花序头总是垂向地面并向外张开，花形好像朝鲜族人煮饭用的锅盖，很有趣。

林蓟

林蓟的花期较早，六月就开花。林蓟开花之后，七八月间，同属植物野蓟、烟管蓟、绒背蓟都相继开放。比起林蓟，野蓟的花型较小，它的花序头向上立着，并不下垂。它的叶子更灰白一些，叶子边缘的羽裂均匀而且边缘形成更多刺齿。

野蓟

不同于林蓟，烟管蓟的花序头是向下垂的。它的茎粗壮，植株也更高大。烟管蓟的叶片大而颜色深绿，羽状深裂的每部分叶片都是细长的披针样。

蓟属植物里最漂亮的应该是绒背蓟了，最容易识别它的是叶子部分。它的叶子大部分全缘或有极短的裂片，叶子背面密布白色毡毛。它的茎常常是深紫红色的，

烟管蓟　　绒背蓟

绒背蓟

开花的时候，像一个紫色的小绒球，有时还能看见蜜蜂在采食花蜜。

蓟属植物虽然有刺，但观赏性并不差。在欧美国家的花园里常常就会种植蓟属植物。我想着在我的花园也种一些蓟类吧，我也真的喜爱它们呢。

白车轴草

- 拉丁名：*Trifolium repens*
- 英文名：White Clover
- 俄文名：Клевер ползучий
- 豆科，车轴草属

野外繁殖能力超强的地被植物之一，应该数得上车轴草。车轴草在野外可以自播繁衍成一大片，常常被误认为是人工种植的。当然，因为它有很好的观赏及覆盖效果，也常被作为园林植物种植，以达到绿化的目的。

车轴草虽名曰草，但它们所有的种类开的花都是很大的，直径有 1 厘米左右，加之它 3 枚卵状或椭圆形的叶子（也被称为三叶草），观赏性还是很强的。除了开白花的白车轴草之外，另有一种开粉色花的红车轴草，还有一种基于白车轴草与红车轴草之间的车轴草——杂种车轴草，花色半白半红，也很漂亮。

我在俄罗斯见到一种培育的名叫“绒毛花”的岩豆属植物，它的长相与车轴草有几分相似，我买来了大红色的叫作“红地毯”的品种，想象着它们大片生存的场景，一定很震撼，可惜我种下去偏偏没有发芽，失望满满。

红车轴草

杂种车轴草

柳穿鱼

- 拉丁名：*Linaria vulgaris*
- 英文名：Yellow Toadflax
- 俄文名：Льнянка обыкновенная
- 车前科，柳穿鱼属

八五六农场场部有一个稻香湖公园，它的前身是个养鱼池。养鱼池的东岸有绵延的沙滩草地，草地上生长着一种黄色的造型奇特的小花，这个小花的形状就像被钓鱼者穿在柳枝上拎回家的小鱼，这个小花就是柳穿鱼。

我被柳穿鱼深深吸引的，是它那黄色的唇形花冠。柳穿鱼仿佛是运用黄色的高手，把三种黄色都用到自己的身上。它的花冠上下两唇都是淡淡的黄色，中间凸起的部分是耀眼的橘黄色，在凸起部位的周围则是变浅的鹅黄色，橘黄色是柳穿鱼的点睛之笔，每当我想起它时，都会想起这耀眼的橘黄色。

柳穿鱼

柳穿鱼

柳穿鱼耐旱，在公路旁就可以茁壮生长，常常形成群落。它的花期还很长，从六月到九月都可以见到柳穿鱼的花。

徐长卿

- 拉丁名：*Cynanchum paniculatum*
- 英文名：Paniculate Swallowwort
- 俄文名：Ластовень метельчатый
- 夹竹桃科，鹅绒藤属

徐长卿是长得似花锚的一种草药，我第一次在草丛中看见徐长卿，就以为是花锚呢。也许有人会问，徐长卿更像一个人名，这药名一定跟这个名叫徐长卿的人有关吧？是的，明代李时珍《本草纲目》中记载：徐长卿，人名也，常以此药治邪病，人遂以名之。

徐长卿

徐长卿是夹竹桃科鹅绒藤属的多年生草本植物，药用部位是它的根。现代药理研究表明，徐长卿主含丹皮酚、黄酮甙和少量生物碱，具有镇痛、镇静、抗菌、降压、降血脂等多种作用。对骨伤科的跌打损伤、腰椎痛，以及胃炎、胃痛、胃溃疡等引起的胃脘胀痛，均有十分显著的止痛效果。

徐长卿的叶子像柳叶，但比柳叶更细更长。它的花冠黄绿色，后期变成红色。中间的副花冠肉嘟嘟的，一直保持不变的黄色。

徐长卿在全国大部分省市都有分布，喜欢生长在向阳的山坡草丛中，在黑龙江的花期为六月。

丝毛飞廉

- 拉丁名：*Carduus crispus*
- 英文名：Curly Bristlethistle
- 俄文名：Чертополох курчавый
- 菊科，飞廉属

丝毛飞廉也是一种浑身带刺，令人生畏的植物。乍一看，它的花和植株的高度以及带刺的特征都跟蓟很像，经常被人误以为是某种蓟类，但仔细辨认就不一样了：丝毛飞廉的茎有刺状的翼，有些像卫矛的栓翅，而蓟没有。

浑身带刺的丝毛飞廉也是一种有益的植物。花盛的时候，就会吸引很多蜜蜂的光顾，因为丝毛飞廉是一种很好的蜜源植物，我拍摄它时，几只蜜蜂正在吸食它的花蜜呢。

丝毛飞廉

弯距狸藻

- 拉丁名：*Utricularia macrorhiza*
- 英文名：Longroot Bladderwort
- 俄文名：Пузырчатка крупнокорневая
- 狸藻科，狸藻属

当艳阳把江水变得像一面镜子，把绿树蓝天映成画卷的时候，美好的夏季就开始了。弯距狸藻的花期也恰好是在这个美好的季节。

狸藻科狸藻属的弯距狸藻（以下简称“狸藻”）为沉水水生植物，喜欢生长在静水中。狸藻的形态细弱，好像经不起大风大浪的冲击，这也同它安静的生长环境吻合。狸藻的叶茎细长，对生的叶呈丝状密布，静静地沉于水下，柔弱的花茎伸出水面，高 6 ~ 20 厘米。每个花茎有 3 ~ 7 朵花，排列成总状花序。它的唇形花冠为黄色，花冠喉部有橙红色粗细不均的条纹，花的颜色受光照影响而有深浅变化。

弯距狸藻

狸藻虽然看起来没什么特别之处，但它却有一种奇异功能，可以借助生长在叶上的卵球状捕虫囊捕捉水中微小的虫体或浮游生物，因此有人称之为水中的“吸尘器”。除此之外，狸藻还是一种环境指示植物，若水质遭到严重破坏，狸藻就不能生存。

唐松草

- 拉丁名：*Thalictrum aquilegiifolium* var. *sibiricum*
- 英文名：Sibiran Columbine Meadowrue
- 俄文名：Василисник скрученный
- 毛茛科，唐松草属

大自然好像特别眷顾六月，六月的草地真是百花争艳。红色的百合，黄色的萱草，紫色的玉蝉花，还有白色的唐松草，它们互不相让，都争着把草地打扮成一个大花园，仿佛向路过的我们说：“来吧，看看这美丽的花园吧！”

花园里的白色唐松草尤其引人注目。它的株高60 ~ 150厘米，有着粗壮的茎，茎顶端是伞房状的花序。看似被小小的淡紫色萼片包裹的唐松草花，等到绽放时却好似一团团白色的礼花，而且闻起来还有一股浓浓的馨香。唐松草的种子有纵翅，也被称为翼果唐松草。

唐松草

东亚唐松草

箭头唐松草

不是所有唐松草的花都是白色的，七月开花的东亚唐松草与箭头唐松草的花都是黄色的，而且花型小，没有什么观赏性。

剪秋罗

- **拉丁名**：*Lychnis fulgens*
- **英文名**：Brilliant Campion
- **俄文名**：Зорька сверкающа
- **石竹科，剪秋罗属**

“像一团跳动的火焰，永远在我的心底燃烧”，是的，我是这样形容剪秋罗的。那鲜红耀眼的颜色，还没有哪一种花可以超越，每年六月末，那团燃烧的火焰就在林边，映照着整片山林。

正如它的名字一样，剪秋罗的每个花瓣都叉状分裂，像一个个分开的剪刀，而且它的花瓣明显比其他种类的剪秋罗更大。我们这里生长的剪秋罗都是鲜艳的大红色，也正是因为它鲜红的颜色，黑龙江的老百姓管它叫作山红花。

剪秋罗喜光，在疏林或林缘生长良好。在阳光强烈的地方，它的花色就更红艳了。因为它有很强的观赏性，园林绿化上已经栽培选用。相比它的抗倒伏性，园林上更多选育的是原产于新疆的皱叶剪秋罗品种。

剪秋罗

剪秋罗

暴马丁香

- 拉丁名：*Syringa reticulata* subsp. *amurensis*
- 英文名：Amur Lilac
- 俄文名：Сирень амурская
- 木樨科，丁香属

听说离我家不远的地方有一种暴马丁香，也被当地人称为“暴马子”的野生丁香。可惜，我这几年走过的山林都未曾发现，所以我决定刻意去寻找它。

我计算着它的花期，六月下旬的一天，我觉得该是寻找它的时候了，于是简单打点了一下行装，驱车上路。在离我家约 50 公里的公路旁，有一片比较原始的混交林，我准备停下车来，好好查看一下。

没走多远，在林缘处就看见一株我不熟悉的开着白花的小乔木，不会就是暴马丁香吧。走近一看，果真就是暴马丁香：它有着丁香般的叶子，花冠的形状也与栽培的丁香一样，只不过它的花是白色的。再仔细看，它的花药生于细长的花丝之上，

暴马丁香

伸出花冠之外，这也是暴马丁香与其他园林品种的主要区别。当然，它也同丁香一样有着袭人的香气。

走进这片林中，更多株暴马丁香显现在我的面前，森林中到处弥漫着它的花香。我与植物真的有缘，我的这次寻找又一次大功告成，就像我从前多次寻找其他植物一样，也可能是我对它们太过渴望的缘故吧。

兴安藜芦

- **拉丁名：** *Veratrum dahuricum*
- **英文名：** Dahuria Falsehellebore
- **俄文名：** Чемерица даурская
- **藜芦科，藜芦属**

兴安藜芦

在黑龙江生长的藜芦，以兴安藜芦、毛穗藜芦及藜芦最常见。从它们花的颜色及叶子等可以来区别。兴安藜芦的叶子背面是灰绿色的，它的花被外面是绿色，里面是白色，花被边缘还有细小的锯齿，很精致，六月就早早地开花了。

毛穗藜芦与藜芦很相像。它们的花都是深紫红色。毛穗藜芦的叶子狭长，不像藜芦那样宽大、卵圆。从花序的密集程度来看，藜芦的花序更密集。毛穗藜芦的花期在七月，而藜芦的花期晚些，常在八月开花。

春天刚到，藜芦大大的叶子就早早从土里钻出来，一眼就能认出来。它的毒性很多人也早有耳闻，它发达的根系含有藜芦碱和生物碱，干燥的粉末有强烈的刺激作用，可导致人打喷嚏，鼻黏膜灼痛发炎。熬成的汤汁可以用于家畜疾病的防治，战争年代还被人们用于体外寄生虫——虱病的防治。

野外见到藜芦时，一定不能用手摘取，它的汁液对皮肤有强烈的刺激作用。动物若吞食了藜芦，那么它的死期可能就要来临了。

毛穗藜芦

藜芦

花旗杆

- 拉丁名：*Dontostemon dentatus*
- 英文名：Dentate Dontostemon
- 俄文名：Донтостемон зубчатый
- 十字花科，花旗杆属

不知为什么，花旗杆会有这样浪漫的名字。我从它的形象中怎样也无法想象出它与这个名字的关联，只是这个好听的名字让我毫不费力地记住了它。

花旗杆

花旗杆是十字花科花旗杆属的成员。它的株高从十几厘米到五十多厘米不等。北大荒的花旗杆不太多，我第一次见到它是在我家附近的大青山，也就三两株，还未形成群落。六月中旬的时候花旗杆已经开花了。它的茎会有分枝，但在最顶端总会开成一团紫，颇有几分韵致。

2015年6月，我在俄罗斯列索扎沃茨克市教堂旁边的一片森林里看见了成片的花旗杆。起初并未看清楚，只是远远地看见一片片耀眼的紫色花团，走进细看，原来是花旗杆。没想到花旗杆还有这样迷人的花姿，真是不能轻视一朵小花啊！

细叶蚊子草

- **拉丁名**：*Filipendula angustiloba*
- **英文名**：Thinleaf Meadowsweet
- **俄文名**：Лабазник узколопастный
- **蔷薇科，蚊子草属**

蚊子草的名字很有意思，但对它为什么叫蚊子草，我则一无所知。我只能凭空猜测：是不是蚊子更愿意在它身上停留呢？把它当作夜晚睡觉的地方？在我们周围找到蚊子草还是相当容易的，它对环境的适应能力很强，湿润的草甸、森林的边际，都是它们生长的环境。

常见的蚊子草有细叶蚊子草与蚊子草本种。蚊子草的高度与人的高度接近。它的上部有分枝，花白色或淡粉色，小而多，形成圆锥花序并且有香味。两种蚊子草的主要区别在于它们的叶子：细叶蚊子草的裂叶狭窄，叶背面为绿色，而蚊子草的叶背面是灰白色的。

细叶蚊子草

蚊子草

这些随意生长的蚊子草却是一种有广泛用途的药用植物。用它的花制成的浸液或茶饮，可以治疗肾病、膀胱疾病、痛风以及风湿。这些作用还要归功于它所含有的化学成分——水杨酸，因此蚊子草也常常被用于治疗退热、发炎的合成药物。

费菜

- 拉丁名：*Phedimus aizoon*
- 英文名：Aizoon Stonecrop
- 俄文名：Очиток живучий
- 景天科，费菜属

在六七月间的草丛里，费菜开得灿烂耀眼。熟悉景天科植物的人一眼就能看出，费菜是景天科的植物。景天科植物多为多年生肉质草本，也就是当下为人所喜爱的多肉植物，广泛分布于世界各地。景天属是景天科的其中一属，野外最常见的就是费菜和灰毛费菜。

费菜全株光滑无毛，鲜黄色的花密生在聚伞花序的顶端，很具观赏性，已被人工培育成园艺品种。近几年，费菜还被开发成食用的蔬菜，叫养心菜。

灰毛费菜

灰毛费菜植株密布灰色绒毛，叶子不像费菜那样宽。灰毛费菜耐旱，常常生长在石质的干山坡上，在上山的小径旁就有机会看到，它的花期比费菜晚些，在黑龙江六月中下旬开放。

费菜

鸡树条

- 拉丁名：*Viburnum opulus* subsp. *calvescens*
- 英文名：Sargent Viburnum
- 俄文名：Калина Сарджента
- 五福花科，荚蒾属

鸡树条是鸡树条荚蒾的简称，它是五福花科荚蒾属的植物，也是一种美丽的灌木。

鸡树条花的最外层有一圈先开放的大花，它的花色洁白，一尘不染，与中间的淡绿色小花蕾或已经开放的小白花形成鲜明的对比。在俄罗斯，鸡树条花象征着少女的纯洁，并且认为它具有神奇的魔力，可以召唤爱情。

鸡树条的花期在六月。到了秋季，它的串串红得透明的果实就成熟了。因为它的美丽，鸡树条在园林上已得到广泛应用，很多城镇公园都可以看到。

鸡树条

列 当

- 拉丁名：*Orobanche coerulescens*
- 英文名：Skyblue Broomrape
- 俄文名：Заразиха синеватая
- 列当科，列当属

自然界中的植物有着不同的生存环境。有的喜欢湿，有的就偏偏喜欢干，生长在干旱的环境。譬如列当，就喜欢生长在干旱的沙岗或山上的砾石当中。

列当在六月末开花，花期一个月左右。它的花是紫色的唇形小花，穗状花序布满整个花序轴，自下而上次第开放，也算漂亮。比较特别的是，它的全身布满蛛丝样的棉毛。从外表上看，列当没有明显的叶子，因为它的叶子已经退化成鳞片，不含可以进行光合作用的叶绿素，所以它们经常寄生在蒿属植物的根上来维持营养，是地道的寄生植物。

列当

花期过后，它的花瓣迅速干枯，变成了褐色，就像一棵普通的衰草，又融入了沙岗之中。

圆叶鹿蹄草

- **拉丁名：** *Pyrola rotundifolia*
- **英文名：** European Pyrola
- **俄文名：** Грушанка круглолистная
- **杜鹃花科，鹿蹄草属**

我们真的那样热爱自然吗？我们与它有多亲近，大自然是不是离我们越来越远了？每当我在俄罗斯看到小孩子在林中折取鹿蹄草花并误称为铃兰的时候，我总在想，我们小时候可没见到鹿蹄草花啊，而且我们也并不知道铃兰。我们走进大自然的脚步真是太少，而大自然也真的离我们越来越远。

圆叶鹿蹄草

2016 年 6 月，我有幸在云山农场亲眼见到了鹿蹄草花。鹿蹄草实际上是对鹿蹄草属植物的统称，黑龙江一共有 4 种，最常见的就是圆叶鹿蹄草了。圆叶鹿蹄草植株矮小，它的叶子卵圆形，有长柄，花为白色，与其他种类鹿蹄草相区别。它的花形与铃兰确有几分相似，但叶子差别很大，也没有铃兰迷醉的香气。

圆叶鹿蹄草的数量并不多，因为它只生长在潮湿阴暗的地方，只要稍稍有一点光线透入就好。

沼委陵菜

- **拉丁名**：*Comarum palustre*
- **英文名**：Marsh Cinquefoil
- **俄文名**：Сабельник болотный
- **蔷薇科，沼委陵菜属**

沼委陵菜

六月里的一天，我在草丛中的一片沼泽里发现了一种花冠紫红的小花，它就是沼委陵菜。

沼委陵菜是蔷薇科沼委陵菜属植物，在东北只有这一种。我们第一眼望见的“花瓣”实际上只是它的萼片，它的直径 1 ~ 2 厘米；真正的花瓣是中间深紫色略带披针形卵状的小瓣，直径只有半厘米左右，我们经常对之视而不见。沼委陵菜除了有显眼的紫色萼片之外，它还长着不显眼的绿色副萼片。所谓副萼是指某些植物具有 2 轮萼片，我们把外轮萼片称为副萼。除了沼委陵菜属植物有副萼之外，委陵菜属以及蔷薇科的蛇莓属与草莓属植物，也都具备这个特征。我们在野外见到时，可以仔细观察一下，一定会发现它的不同之处。

像沼委陵菜这样能在水中生长的小花，我总是高看一眼，它们从不挑剔生长的环境，而是为了生存努力地改变着自己。它们在水中自由自在地生长，长出娉娉婷婷的身姿，开出轻轻浅浅的花，带给我们真实而温暖的欢乐。

一年蓬是菊科飞蓬属的一种小花，它的花形就像小菊花一样。那白色细长的舌片花，紧凑而密集地排列，前后共有两层，使整个花变得更有层次，中间是鲜黄色的管状花，白色与黄色的花冠再配上绿色的叶子，一年蓬看起来总是那么明亮而

一年蓬

一年蓬

美丽。在俄罗斯，人们把一年蓬与桔梗花插在一起，两种花相互衬托，让人爱不释手。

一年蓬就生长在路边空旷的草地上，若有足够的空地，它们能长成壮观的一片，绝不逊于花园里被栽培的花朵，而且一年蓬的花期也很长，从六月一直开到八月。

除了常见的一年蓬之外，我在路边还会经常看到与之类似的小花，它的花是淡紫色的，但要比一年蓬小很多，它就是飞蓬属的本种——飞蓬，它的观赏价值就比一年蓬差很多了。

飞蓬

紫椴

- 拉丁名：*Tilia amurensis*
- 英文名：Manchurian Linden
- 俄文名：Липа амурская
- 锦葵科，椴树属

我在林中行走的时候，总会闻到各种花的香。寻着花香找去，就会找到某些草本植物，而更多的还是高大的乔木，紫椴便是其中一种，它开花的时候真是香气四溢。

在黑龙江的森林中，紫椴很常见。它的高度可达 20 米，直径达 1 米左右。它叶子的直径也有 5 厘米左右，边缘有好看的锯齿。紫椴的花白中带绿，在六月末开放，常常吸引成群结队的蜜蜂来采蜜，采来的蜜就叫椴树蜜，颜色浅白，有特殊的甜香。

秋季，紫椴成熟的果实落到地上，它们的颜色就如干燥的桂圆一样。连同果实

紫椴

一同掉落的，还有它细长的花梗以及与之相连的狭带形的苞片，它们长得那么独特，我忍不住捡拾了许多，想把它粘在画板上，永久地保存起来。

打碗花

- 拉丁名：*Calystegia hederacea*
- 英文名：Ivy Clorybind
- 俄文名：Повой плющевидный
- 旋花科，打碗花属

打碗花

我们常见的叫喇叭花的植物，大都是旋花科的植物，除了我们栽培的牵牛花属于牵牛属之外，其余的野生喇叭花主要分属于打碗花属和旋花属。

打碗花属里的打碗花更是被大家所熟悉，很多文学家都在文章里描写过它。其实打碗花也分好几种，最常见的就是打碗花，它的花较小，直径只有 2 ~ 4 厘米，它的茎通常平卧地面并且光滑无毛；其次还有开花较大的藤长苗，它的茎上有柔毛，也与打碗花不同。

打碗花属的几种植物的花期基本一致，在黑龙江都是六月至七月，这个季节它们就经常生长在路边的草丛里，你若留意就可以看到这些有故事的打碗花了。

藤长苗

柳 兰

- 拉丁名：*Chamerion angustifolium*
- 英文名：Great Willowherb
- 俄文名：Иван-чай узколистный
- 柳叶菜科，柳兰属

六月中下旬，柳兰就在路边惬意地晒着暖阳。它高高的个头，大大的圆锥形花序，粉艳的花色，绿色披针形的叶子，总是让我们暗自赞叹，这花可真漂亮！

北大荒的夏天因为有了柳兰花而更绚丽芬芳。柳兰也不负这个夏季，它的花从下往上开，花期足有一个多月。柳兰耐旱，有着近木质而且粗壮的茎，在公路两旁的沙土地也能生长良好。柳兰还是火烧后的先锋植物，常常形成群落，所以我们一般看到柳兰时都是一大片。

柳兰

柳兰

美丽的柳兰在俄罗斯更是家喻户晓，人们把柳兰干燥的花用来做花茶饮用，我没有喝过，不知那是怎样的味道。来年我也种些柳兰，尝试着把它们做成花茶，一定有着特别的清香吧。

白薇

- **拉丁名：** *Cynanchum atratum*
- **英文名：** Blackend Swallowwort
- **俄文名：** Ластовень черноватый
- **夹竹桃科，鹅绒藤属**

一对对卵形的大叶子，两面布满白色绒毛，一朵朵深紫红色的五角星样小花围绕在茎的周围，这就是美丽的白薇。

白薇是夹竹桃科鹅绒藤属植物，它的花有副花冠，即在花冠与雄蕊间由花冠或雄蕊形成的一种附属物。

白薇

白薇在我国大部分地区都有分布，在草丛、林下草地中常见。在黑龙江白薇的花期从六月到七月。它的花还有香气，见到它时可以闻一下，顺便再看看它漂亮的副花冠。

黄连花

- **拉丁名**：*Lysimachia davurica*
- **英文名**：Dahurian Loosestrife
- **俄文名**：Вербейник даурский
- **报春花科，珍珠菜属**

六七月间，在丛林、草地的边缘处，或者在湿润的草地中，可以见到一种身形比较高大，并且开着黄花的植物，它就是黄连花。

黄连花属于报春花科珍珠菜属植物。它的株高约有 50 厘米，叶形如柳，一朵朵鲜黄色的小花在植株顶部形成圆锥花序。虽然它是合瓣花，但它的花瓣分裂几乎到达基部，而且上面还有漂亮的脉纹呢。

黄连花幼苗的时候，有一根笔直的茎，茎下面一节节的，只在茎顶端长着如柳叶的绿叶子，叶子也并不展开，好像还要继续生长的样子。由于这样的长相，老百

黄连花

姓把它叫作“狗尾巴梢”。我们常在这个时候把它摘下来，放在嘴里咀嚼，有股酸酸的味道。黄连花确实是可以食用的植物，而且食用后没有不良反应。

齿叶蓍

- 拉丁名：*Achillea acuminata*
- 英文名：Toothedleaf Yarrow
- 俄文名：Чихотник заострённый
- 菊科，蓍属

我在六月末无意中拍到一种蓍草，它披针形的叶子不像其他蓍草那样深裂或者全裂，它的叶子只在边缘有细细的锯齿。它的白色的舌状花瓣也比较大，近卵圆形，每个花瓣上面都有 3 个圆齿，顺着齿裂下方有 2 道折痕，更奇怪的是，每朵花大约都有 14 枚舌状花瓣。

齿叶蓍

短瓣蓍

我在植物志中查找，原来它叫齿叶蓍。齿叶蓍比较罕见，我再想要拍摄它时却怎样也找不到了。

除了齿叶蓍，北大荒还有一种几乎是所有人都见过的蓍草。小时候看见它就把它采到篮子里，它那碎碎的锯齿状深裂的叶子太与众不同了。这种有着可爱的叶子并且随处可见的植物就是短瓣蓍。最近几年我才注意到它的花，它白色的舌状花瓣实在过于渺小，所以把它叫作短瓣蓍。

短瓣蓍开花比较晚，花期从七月末至九月初。短瓣蓍可以药用，有活血、解毒以及祛风止痛的功效。

野海茄

- 拉丁名：*Solanum japonense*
- 英文名：Bittersweet Nightshade
- 俄文名：Паслён сладко-горький
- 茄科，茄属

野海茄

野海茄

野生的草质藤本植物种类在黑龙江并不多见，野海茄就是这样的植物。它喜欢湿润，常常在水边或水边坡地等靠近水源的地方生长，我就是在兴凯湖的湖岸旁发现它的。

从它的名字或许能知道它是茄科植物。没错，它不仅是茄科而且是茄属植物。野海茄株高1米左右，它的叶子多数为卵状披针形，基部圆形。仔细观察野海茄的花，也是很耐看的。它的花紫色，有5个花瓣，每个花瓣底部都有一个绿色带白边的斑点，花期从六月一直持续到八月。

虽然与我们食用的茄子是同科同属的植物，但野海茄的果实与茄子完全不同，如果我没有亲眼见过的话，怎么都想象不出，它长着龙葵一样大小的果实，而且是鲜红色的！

朱兰

- 拉丁名：*Pogonia japonica*
- 英文名：Japanese Pogonia
- 俄文名：Бородатка японская
- 兰科，朱兰属

兴凯湖位于黑龙江省东南部，属于黑龙江垦区的兴凯湖农场和八五一〇农场区域。兴凯湖是中俄界湖，北三分之一的面积属中国，环湖多沼泽、湿地，许多湿地植物就在这里繁衍生息。

当陆生花卉竞相开放的时候，湿地里的花事也同样轮番上演。在鸢尾科的燕子花盛开过后，淡紫色的朱兰便是湿地里的主角了。朱兰的高度只有20厘米左右，每个植株在顶部单生一朵花，花的萼片与花瓣相近。在唇瓣的裂片上不仅有深紫色的条纹，还有流苏状的毛。

朱兰

我们穿着普通的鞋子是进不了湿地的，而且有些湿地中还有很多“漂筏子”，别看上面长满花草，其实那是可以漂浮移动的大块草团，误踩上去会沉入水底，相当危险。为了安全起见，我也不敢随意进入这些有着“漂筏子”的湿地，只踏入小面积较浅的沼泽湿地，即使这样，穿着高腰的水鞋也常常被灌包。这次在兴凯湖边看见朱兰，真的不易。

毛水苏

- 拉丁名：*Stachys baicalensis*
- 英文名：Baikal Betony
- 俄文名：Чистец шершавый
- 唇形科，水苏属

夏日的原野，又是一番新的景象。黑枕黄鹂在绿草地上飞过，它艳黄色的羽毛在阳光下闪着金光，在它偶尔落脚的路边或许就生长着几株毛水苏。

毛水苏

毛水苏是唇形科植物，它的花冠主要有上下两唇，上唇花的轮廓为卵圆形，下唇 3 裂片的喉部由白色纹路及紫色斑点组成不同的图案，很耐看。毛水苏几乎全株都有细长的小毛，加上它深浅不一的紫色花冠，看起来也很入眼。

在路旁水沟的两侧就生长着毛水苏。美丽的毛水苏，花期还特别长，从六月一直能开到九月，真了不起啊！

石竹

- **拉丁名**：*Dianthus chinensis*
- **英文名**：Chinese Pink
- **俄文名**：Гвоздика китайская
- **石竹科，石竹属**

六月下旬，爱花的人就会在郊外的草地寻觅到石竹花。石竹花有 5 个深粉色（也有白色的）花瓣，花瓣底部围成一个深紫色的圆圈，我以为石竹的美就在于此，若不然就太平淡了。

石竹

石竹的花有香味，本属著名的栽培品种——重瓣的麝香石竹，它的英文“carnation”的中文音译名——康乃馨，是尽人皆知的母亲节送给母亲的花，以石竹花平凡的美，象征着母亲的伟大。

石竹的花期长达三个多月，我曾在十月初还见到石竹开花。遗憾的是，在野外很难见到成片的石竹花。现在像常夏石竹以及美国石竹这样的品种，在园林应用很广。我看见它们成片地开在花坛里，真是妩媚得很呢。

蓬子菜

- 拉丁名：*Galium verum*
- 英文名：Yellow Bedstraw
- 俄文名：Подмаренник настоящий
- 茜草科，拉拉藤属

盛夏七月，在黑龙江省东部山区，你会发现路旁的草地中盛开着一片又一片细碎的黄色小花，有时也有白色的种类。它们的高度大概跟蒿草差不多，样子也像某种蒿子，它们就是可爱的蓬子菜。

蓬子菜是茜草科拉拉藤属的一员，它的花细碎微小，有黄色和白色之分，开白色花的蓬子菜为白花蓬子菜，是蓬子菜的变种。从远处看，蓬子菜确实像某种蒿草，它也有一个俗名叫疗毒蒿。

蓬子菜

白花蓬子菜

有人说，凡是以某种菜命名的植物，应该都是可以作为食用的野菜。我没有一一考证，以我的经验只能说大多数植物名中含有菜字的，确实可以食用。蓬子菜称之为菜，《救荒本草》有记载“其嫩叶、种子可食”，我没有尝过，不知其味。若再见到它时，我倒是想采一些尝尝看，说不定会很美味呢。

兔儿尾苗

- 拉丁名：*Pseudolysimachion longifolium*
- 英文名：Longleaf Speedwell
- 俄文名：Вероника длиннолистная
- 车前科，兔尾苗属

七月的草地真是万种风情。粉色的石竹花，黄色的月见草，当然更少不了紫色的婆婆纳。按照被子植物现代分类方法（APG 分类系统），婆婆纳从原来的玄参科分到现在的车前科，婆婆纳属现在也分出几个属，其中一个叫兔尾苗（穗花）属，兔尾苗属植物都以某某兔尾苗命名，但是我还是习惯把它叫婆婆纳，这样的称呼会有更多人知道，所以我在这里还是称它为婆婆纳好了。

婆婆纳这类的花在北大荒有好几种，常见的有兔儿尾苗、东北婆婆纳和细叶婆婆纳等。

兔儿尾苗

细叶兔尾苗

车前科植物花序穗状，兔儿尾苗也明显具有这一特征。它的花序也看起来是一穗一穗的。兔儿尾苗很常见，它的茎上部有时分枝，叶腋有不发育枝，叶披针形，有柄，叶缘有深刻的尖锯齿。蓝紫色的穗状花序有20多厘米长，成片开放时更是意想不到的绚烂。

东北兔尾苗

相近种东北婆婆纳（东北兔尾苗），识别非常容易，因为它的叶没有叶柄而且比较宽大。黑龙江只分布这一种无柄兔尾苗属植物。我在野外看见一株漂亮的东北婆婆纳，把它挖种到自家花园欣赏，没想到第二年它就变成了一大丛，足有20多株，那纯净的蓝紫色，真是惹眼呢。

我在田野里还见到过另一种兔尾苗属植物——细叶婆婆纳（细叶兔尾苗），它与前两者的区别主要在于叶的形状。它的叶子几乎全部互生，叶子条形，叶的下端全缘，上端有三角形锯齿，花期在七八两月。

兔儿尾苗

薤白

- 拉丁名：*Allium macrostemon*
- 英文名：Longstamen Onion
- 俄文名：Лук крупнотычинковый
- 石蒜科，葱属

每年“六一”儿童节，学校组织春游的时候，常去离场部 5 公里有梅花鹿场的大青山。在大青山平坦的山坡上，会见到许多野葱。最常见的，就是一种被我们当地叫作“小根蒜”的石蒜科（原百合科）葱属植物——薤白。

薤白的叶子少，只有 3 ~ 5 枚。到了七月初，薤白类似半球形的花序上就开满了淡紫色的花。

薤白

山韭

除了薤白，我们这里野生的葱属植物还有一种叫山韭。我对山韭的认识，还是在最近几年。山韭开花较晚，要在八月末，那时它会形成球形的密集的伞形花序，开花时就像一个个紫球子，很是讨我喜欢。山韭的花茎上部是扁的，两侧有细棱状的狭翼，这也是它与其他葱属的韭类植物不同的地方。

球序韭

九月中旬前后，还有一种开花的葱属植物——球序韭。它的花序也是球形的，但是我怎么都觉得还是山韭的花形更像圆球。球序韭没有几根叶子，茎是圆的。球序韭与山韭相比，我还是更中意山韭。

我对山韭的喜爱，促使我想把它培育成园艺观赏品种。我采了它的籽在春季种下，它长出了小苗，到了第二年真的开花了！每年春季，它的叶子早早长了出来，又宽又大，比家里栽培的韭菜叶子宽了几倍，而且它的叶子嫩绿发亮。我还割下了一把炒菜吃，味道甜甜的，不像家韭菜那样辣。从我家经过的人都很好奇，为什么我家的韭菜长得这么与众不同，他们纷纷询问并向我讨要。这野生的山韭真是用处多多啊！

月见草

- 拉丁名: *Oenothera biennis*
- 英文名: Fragrant Eveningprimrose
- 俄文名: Энотера двулетняя
- 柳叶菜科，月见草属

月见草有一个好听的名字，叫夜来香，因为它常常傍晚开放，而且开花时香气袭人，所以有了这个名字。

我对月见草花的认识是在孩提时见过它的栽培种，所以早早就知道了它的名字，直到最近几年才知道它的另一个俗名——山芝麻。原来，经过北大荒漫长的冬季，即便"五一"过后，它粗壮的茎及蒴果壳仍然存在。我在春季见到它残存的枯干的茎时还曾揣想它是什么，就留意观察它一年四季的变化，后来发现，这犹如芝麻蒴果似的残枝就是月见草。

有的书上说月见草是两年生草本植物，第一年丛生莲

月见草

月见草

座状的叶子，第二年长出茎后开花结果，而我在野外采集的种子来年种下，当年就开了花。现在野外见到的月见草是逸生种，原产于美洲。

白 芷

- 拉丁名：*Angelica dahurica*
- 英文名：Darhurian Angelica
- 俄文名：Дудник даурский
- 伞形科，当归属

走在郊外的砂石路旁，有时会遇到一种高大的伞形科植物，它的叶子像羽毛一样分裂，稠密的白色小花形成一个个复伞形花序，最中央的复伞形花序的伞辐更是有六七十条之多。在花序梗的分枝处，有一个硕大的淡绿色“鼓包”，那是它膨起

的囊状膜质叶鞘，让我们总是感觉些许神秘，这种伞形科植物就是当归属的白芷。

有时就在普通的公路旁，也能看见白芷。白芷不仅株高达 1 米以上而且茎粗大，凑近前看，还可以看到它的茎下部常带暗紫色，表面具有细槽。

白芷的花能从七月一直开到八月，作为观赏植物，白芷的花稍逊色；而作为药用植物，白芷却是一味好药，它的根入药，可以治疗风寒感冒、头痛及面部神经麻痹等。

白芷

我对于白芷的印象极好，它高高大大的样子也会让我怦然心动，如果哪天在公路旁见不到它的时候，我一定会觉得失望。我不由想到，干脆弄回家一棵好了，每天看到它渐渐长大的样子，不是更好吗！

白芷

穿龙薯蓣

- 拉丁名：*Dioscorea nipponica*
- 英文名：Nipponese Yam
- 俄文名：Диоскорея ниппонская
- 薯蓣科，薯蓣属

在虎林市北部有一片山，叫作焉大岭。那里有一片草地，每个季节都开满了各色小花，是我观察野花的基地，每个月我都要去那里一两次。七月我在那里见到穿龙薯蓣的时候，不仅看到了它的黄绿色的花，也看到了它那吊挂成串的蒴果，那一串串蒴果像用线穿起来的铜钱，真是有趣极了。

植物当中，藤本植物只占少数。北大荒常见的藤本植物也仅有 20 种左右，几乎可以数得出来，所以每次见到藤本植物时，我都会看一看是哪一种。我第一次见到穿龙薯蓣时，只记住了它的叶子：它的掌状心形的叶子上下变化较大，上面的叶子是全缘的，越是下面裂片越深，整个叶子上有明显的脉纹。后来，我见到它开花

穿龙薯蓣

和结果的时候，对它结的果印象很深，花的样子却不太深刻。它的蒴果三棱形，四周被膜状的翅包裹，而且上下有规律地错落排列，真是特别而又有趣。不知把这样的一串蒴果拿回家挂起来，会是怎样的效果呢？应该很有装饰作用吧。

穿龙薯蓣

穿龙薯蓣的花很小，我几乎想不起来是什么样子。反复查看自己的拍摄记录，才算弄清楚。可是，还是没有拍摄到它开花的全貌，因为穿龙薯蓣的花是雌雄异株的，雄花序穗状腋生，雌花筒状无柄。以后再到野外观察植物时，还要更加细心，不然又要有遗漏了。

关于穿龙薯蓣这些缠绕茎类植物，还有一个有趣的现象：它们攀缘上升的茎，有的只向左旋转，有的只向右旋转，有的既能向左又能向右旋转。都说穿龙薯蓣的茎只向左旋转，我还真没有仔细观察过；也有资料说攀缘植物的茎向着光的方向旋转，那到底是怎样的呢？我们还是多多观察和研究后再得出结论吧。

白花草木樨

- 拉丁名：*Melilotus albus*
- 英文名：White Sweetclover
- 俄文名：Донник белый
- 豆科，草木樨属

我在俄罗斯滨海边疆区旅行时，总能看见大片的原野、森林。原野上开满了鲜花，那情景就与我儿时的家乡一样，美丽至极。只可惜我的家乡变了模样，大片的农田代替了美丽的田野，旧时光景一去不复返了。

时值七月，我从俄罗斯卡缅口岸出境时，在沿路的草原上看见了大片的桔梗花，那挺立的花姿、鲜艳的花朵，令我至今难以忘怀。快要到边境的时候，一片又一片

白花草木樨

开着白色和黄色花穗的小花出现在我的面前，它们就是豆科草木樨属的成员，白花草木樨和草木樨。

在我生活的北大荒，残存的荒草地或者公路旁也能见到草木樨。开白色花串的就是白花草木樨，它的叶子很像苜蓿的叶子，都是三出复叶，它的花朵虽不密集却几乎占了整个植株的三分之二，看起来有一大捧。

草木樨

开黄色花的叫作草木樨，花期几乎与白花草木樨同时，而且常常混生在一起，除了花色不一样之外，它们外表几乎没有区别。

有种说法称草木樨在我国古代用以夹在书中，可作为香草用，我还真忽略了它的香气。开白花的草木樨与开黄花的草木樨，哪个更香呢？来年我定要好好比较一番，如果晒干后的草木樨果真香气犹存，那用作香草岂不是美哉！

苦苣菜

- 拉丁名：*Sonchus oleraceus*
- 英文名：Common Sowthistle
- 俄文名：Осот огородный
- 菊科，苦苣菜属

菊科苦苣菜属植物在黑龙江只有两种，苦苣菜与长裂苦苣菜（苣荬菜）。

它们的植株高度很相近，但从花的形状和颜色可以区别：苦苣菜的头状花序小，直径 1.5 厘米左右，颜色淡黄；长裂苦苣菜的头状花序大，直径 2.5 厘米左右，颜色鲜黄。从叶子的颜色看，幼苗期的苣荬菜叶子边缘裂片浅，近全缘，叶子的颜色发灰并常带有紫红色，而苦苣菜的叶子羽状分裂的部分有像刺尖一样的齿。

有一年春天，我在野外发现了一丛类似苦苣菜的野菜，它们长得鲜绿而硕大，我忍不住把它们采回家吃掉，味道还真不错。遗憾的是，我不知道它到底是哪个种类。

苦苣菜

其实，对于苦苣菜的幼苗我也并不熟悉，只是到开花的时候才能认出它。长裂苦苣菜倒是小时候经常装入篮中的野菜，随便瞥一眼就能认出来。这些年我一直在想，要是能把这些常见的菊科野菜一一分辨清楚该有多好，我还需要加倍努力呀！

长裂苦苣菜

巨紫堇

- 拉丁名: *Corydalis gigantea*
- 英文名: Giant Corydalis
- 俄文名: Хохлатка гигантская
- 罂粟科，紫堇属

提起罂粟科紫堇属的植物，很容易让我们想起早春的延胡索。除了早春开花的延胡索之外，紫堇属里还有一个巨人，那就是巨紫堇。

巨紫堇的株高能达到 1 米多。单是它叶子的裂片也能达到 10 厘米。巨紫堇的花色有淡蓝色和淡紫红色两种。不论哪种，都会开很多朵花，如果细数起来，它的花序上可能就有 100 多朵花，而且每朵花都可以长到 2 厘米左右，真不愧是紫堇属里的巨人。

巨紫堇

朝鲜槐

- 拉丁名：*Maackia amurensis*
- 英文名：Amur Maackia
- 俄文名：Маакия амурская
- 豆科，马鞍树属

当万物蓬勃生长的时候，朝鲜槐也在草原上生机无限。五月末，在开着花的早春花卉旁边，朝鲜槐也长出了还未完全舒展的新叶。那叶子从远处看几乎是灰色的，因为此时的它两面都长着灰白色的毛，与周围的新绿比起来是那么与众不同。

从植物分类学上，朝鲜槐是豆科马鞍树属植物，属于落叶乔木，它的高度常在7 ~ 8米。从五月末长出新叶开始，经过一个多月的时间，朝鲜槐在七月初就可以开花了。此时的它，叶子长成倒卵形，能清晰地看出它的奇数羽状复叶，原先灰白色的毛早就脱落了，变成正常的绿色。那长达近10厘米的花串从枝干上直伸出来，

朝鲜槐

一个个白色的蝶形花冠排列紧密，形成总状花序。到了九月，它的扁平的荚果垂满枝头，朝鲜槐又变成另外的样子了。

朝鲜槐比较常见，草原上、公路旁的林缘地带或杂木林中，都生长着朝鲜槐，但最漂亮的还是长在草原上的朝鲜槐，很有非洲稀树草原的味道，如同孤赏树一般，独立成景，把我们的心牢牢地抓住。

萍蓬草

- 拉丁名：*Nuphar pumila*
- 英文名：Dwarf Cowlily
- 俄文名：Кубышка малая
- 睡莲科，萍蓬草属

萍蓬草

平静的河水泛着幽兰的光，洁白的睡莲花在漂浮的绿叶之中绽放。就在不远处，还有已经开始结了菱角的菱角秧，也在水面轻轻荡漾。金黄色的萍蓬草同样不甘寂寞，从水面伸出它那如鼓槌棒般的花蕾，迎着温柔的阳光慢慢地绽放。

萍蓬草是睡莲科的植物，所以它的叶子也会漂浮在水面上。我们看到它的花朵最外层是黄绿色的，实际上是它的萼片，萼片里面黄色的窄楔形部分才是它真正的花瓣。

萍蓬草的花期从七月到八月，与东北野生的睡莲同期开放，我们在观赏睡莲的时候，也许还能幸运地见到萍蓬草。

宽苞翠雀花

- 拉丁名：*Delphinium maackianum*
- 英文名：Maack Larkspur
- 俄文名：Живокость Маака
- 毛茛科，翠雀属

在黑龙江省东部的草地上，生长着一种宽苞翠雀花，每年七月，它那紫色的喇叭状的花便挂满枝头，就像一个个展开翅膀的小鸟，随时都要从花丛中飞出似的。

宽苞翠雀花刚长出叶子的植株与毛蕊老鹳草很像，我有很长时间都辨别不清，后来才看出它们的叶子虽然都是五角状，但 5 个裂片的深浅是不一样的，宽苞翠雀花的裂片更深一些，接近叶子基部。

我喜爱翠雀花，在我窗前的小花园种了几棵，没想到它的花期那样长，已经是寒凉的九月末，它还无畏地开着，原来它还这样耐寒啊！

宽苞翠雀花

宽苞翠雀花

赤 爬

- 拉丁名：*Thladiantha dubia*
- 英文名：Manchurian Tubergourd
- 俄文名：Тладианта сомнительная
- 葫芦科，赤爬属

提起葫芦科植物，我们并不陌生。葫芦科里面绝大多数植物都是我们日常食用的蔬菜，比如黄瓜、南瓜、冬瓜等。那么，你见过身边野生的葫芦科植物吗？赤爬就是这样一种为数不多的、野生的葫芦科植物，而且还有几分姿色。

同所有葫芦科植物一样，赤爬也是藤本植物，具有可以攀缘的特征。有一次，我见到的赤爬竟然有十几米长，从一棵大树上垂下来，真是壮观。赤爬的花雌雄异株，花冠都是黄色的，雄花裂片长圆形，向外反折明显。赤爬的叶子心形，也很漂亮。到了秋季，赤爬的长圆形的果实逐渐成熟，颜色由绿色变成最后的大红色，捏起来里面空洞洞的，充满了气体，所以赤爬又被老百姓俗称为气包。

赤爬

在我眼里，赤瓟的叶、花、果都很漂亮。我时常在心里想，它也可以被培植成垂直绿化的植物吧，在自家的花园或者某个大型的葡萄采摘园，既能用它来遮阴，又能用它来观赏，该有多好。我在秋天采到了赤瓟的种子，开春的时候把它种在我家的篱笆旁。它果然不负众望，密密实实地爬满了整个篱杖，除了开满黄色小花外，秋天还缀满了鲜红色的小果，真是一道靓丽的风景呢！

泽泻

- 拉丁名：*Alisma plantago-aquatica*
- 英文名：Common Waterplantain
- 俄文名：Частуха подорожниковая
- 泽泻科，泽泻属

泽泻

最近几年忽然对水生植物大感兴趣。微波荡漾之下，它们在水中婀娜多姿的身影，真是美不胜收。我在岸边只能翘首凝望，越是无法靠前，越是让我有更大的欲望想要看清它们。若是能近前观看的水生植物，就无论如何不放过它们，一定要从水中捞出一棵看个究竟。像水葱、野慈姑、泽泻之类的水生植物，有时还是容易在近前看到的。

我看到的最常见的水生植物，可能要属泽泻了。随便在路旁的水沟里就可以找到，水田里也往往生出许多泽泻，当地人把它叫作“水白菜”，因为它们长得不是地方，所以难逃被拔除的命运。

长在路边水沟里的泽泻，倒是很惬意。在春天，它们长出的葱葱郁郁的椭圆形叶子，挺拔向上，一丛丛的显示出顽强的生命力。到了夏季，泽泻就开花了。泽泻的白花很小，只有几毫米，并不入目，倒是那长长的花葶，一轮轮分出许多花枝，那枝枝杈杈的造型，却也别致得很。

绣线菊

- **拉丁名：** *Spiraea salicifolia*
- **英文名：** Willowleaf Spiraea
- **俄文名：** Спирея иволистная
- **蔷薇科，绣线菊属**

提起乌苏里江流域的湿地花卉，不能不提到绣线菊。乌苏里江江岸的灌木沼泽花卉，以绣线菊为单优势种，广泛分布在乌苏里江沿岸，宽度从十几米到几十米不等。绣线菊高 1 ~ 2 米，每年七月，一丛丛绣线菊花盛开在湿草地中，形成花带，宛如湿地中的天然篱笆墙。

绣线菊

绣线菊并不是菊科植物，而是蔷薇科绣线菊属的灌木。绣线菊喜湿润，能在水中生长繁盛。大多数种类的绣线菊开白色花，而开粉色花的绣线菊更加惹人注目，其花蕊的长度为花瓣的两倍。开花的时候，花朵密密匝匝地挤在一起，伸出花瓣的雄蕊，像千万条细密的丝线，把绣线菊花点缀得仿佛童话里的花朵，神秘而梦幻。

绣线菊

野火球

- 拉丁名：*Trifolium lupinaster*
- 英文名：Wild Clover
- 俄文名：Люпинник пятилистный
- 豆科，车轴草属

它球形的花序确实圆如小球，而且艳丽的粉色花好似在眼前跳跃。不知谁第一个给它起了野火球这个名字，那么恰如其分。

在野外，当你第一眼看到野火球时，那球形的花序，细长的密集网纹的叶子，怎么与三叶草好像。不错的，它们都是车轴草属植物，在黑龙江，除了三种车轴草植物，其他的种类也只有野火球了。野火球与车轴草最明显的区别，是它的高度。野火球高 30 ～ 60 厘米，比高只有 10 ～ 30 厘米的车轴草明显高出很多。

野火球七月始花，然后到达它的盛花期。这个季节，稍微用心就可以看到这个在草地中盛开的“火球”。

野火球

落新妇

- 拉丁名：*Astilbe chinensis*
- 英文名：Chinese Astilbe
- 俄文名：Астильбе китайская
- 虎耳草科，落新妇属

第一次见到落新妇，我看到它的大部分花枝在花轴上左右散开，一个个密布的花蕾好像高粱籽，紧贴在上面，只在底部有几个花枝开了花，紫色的花瓣细长如丝，就像路旁的狗尾草。再后来看到全部盛开的落新妇，感觉像一个个紫色的火炬，已经跟先前大不相同了。

落新妇的高度在 1 米左右，它的花期从七月至八月。落新妇喜欢湿润的环境，所以常常生长在湿润的林下、草甸或者林缘的小溪旁。我几次看见落新妇，在它附近都有溪流经过。喜欢看花的朋友，若在林缘发现了小溪，可以在附近找找看，没准儿就会找到它呢。

落新妇

猫儿菊

- 拉丁名：*Hypochaeris ciliata*
- 英文名：Common Catdaisy
- 俄文名：Троммсдорфия реснитчатая
- 菊科，猫儿菊属

七月的阳光已经有些炙热了，把人的脊背晒得发烫。有些植物偏偏就喜欢阳光，在阳光下坚强地盛开着。这样的植物，猫儿菊算一个。

猫儿菊的美，主要在于它纯正的金黄色花朵。它的每个舌状花都那么金黄灿烂，生在茎的顶端，组成一个3厘米左右的大花冠。猫儿菊还常常形成群落，盛开的时候，草地一片金黄色。还想一提的是猫儿菊的叶子，它的叶子两面都有毛刺，叶形正如猫耳，不知猫儿菊的名称是否来源于此。

我很喜欢猫儿菊，采了些种子种在我的花园里，它们真的长出来了，不知明年是否能开花呢？我又有了新的期待。

猫儿菊

珍珠梅

- 拉丁名：*Sorbaria sorbifolia*
- 英文名：Ural Falsespiraea
- 俄文名：Рябинник рябинолистный
- 蔷薇科，珍珠梅属

珍珠梅是蔷薇科珍珠梅属的灌木，高度 1 ~ 2 米，在黑龙江，野生的珍珠梅随处可见。

每年春季，珍珠梅长出嫩绿的羽状叶子，叶子边缘有整齐的锯齿，每个小叶都有很明显的侧脉，很有观赏价值。到了七月初，珍珠梅的花就开了，它的花在枝干顶端组成一个硕大的密集的圆锥形花序，从远处看，只能看见一枝枝白色的花团，近前才能看清它的 5 枚花瓣和它那如珍珠般的花蕾，珍珠梅还真有几分姿色呢。

珍珠梅喜光又耐阴，喜湿还耐旱，是很好的绿化用材，近年来已被培育成园林品种。

珍珠梅

水金凤

- 拉丁名：*Impatiens noli-tangere*
- 英文名：Lightyellow Snapweed
- 俄文名：Недотрога обыкновенная
- 凤仙花科，凤仙花属

夏日里我在路边散步，偶尔发现树下有些植物正开着黄色的花。这个花的造型好熟悉哟，多像我们童年把玩的凤仙花啊！只是它的叶子比凤仙花大了一些，也圆了一些，它的黄色的花，也比凤仙花大了一圈。

这个像凤仙花的植物不是别的，它就是与凤仙花同家族的成员——水金凤。取名金字，来源于它的花色。我们一般把黄色的花称为金，把白色的花称为银，很多植物都是按这种方式命名。至于名字中水字的由来，我以为是形容它的娇嫩、水灵吧。水金凤的拉丁文“noli-tangere”，意为“不可触摸”，据说水金凤的花确实碰不得，轻微的触碰，花就从花梗上掉落。我没有试过，不知是否如此，但看见那纤细的花梗，我就信了。

水金凤

水金凤的花期很长，从六月到九月都可以见到它的身影。现在野外生长的水金凤越来越少了，就连童年时我们家家户户都种的凤仙花也不常见了，但我们把玩它的情景，还历历在目。那时我们把凤仙花叫作“指甲花”。我们把它的花瓣揉碎，女孩子把它的红色汁液染在指甲上。有时还有意挤压它的毛茸茸的种子，看它的种子像炸弹一样弹射出去，真是好玩。现在的孩子们不知还有没有这样的兴趣，来做这种游戏了。

水金凤

为了找寻童年的记忆，我在家门前种上了几棵凤仙花，它花开花落的样子一如从前，而我却不是当年的我了……

鼬瓣花

- 拉丁名：*Galeopsis bifida*
- 英文名：Bifid Hempnettle
- 俄文名：Пикульник двунадрезанный
- 唇形科，鼬瓣花属

野外遇到鼬瓣花也不太容易。它就如同与你同城的熟人，知道他就与你住在同一个城市，但是相遇却很难。我只能在它经常出现的地方去寻找，好在没有白费功夫，很快就找到它了。

鼬瓣花是唇形科鼬瓣花属植物，在黑龙江鼬瓣花属里只有这一种植物。鼬瓣花株高 30 厘米左右，茎上布满刚毛。它的叶子脉络明显，有点像榆树的叶子，从叶间长出轮伞样的花序，粉紫色的唇形花瓣在某个角落里慵懒地开着，那漫不经心的样子，仿佛正在享受此刻的美好时光。我忽然觉得好羡慕它呀！

鼬瓣花

花 蔺

- 拉丁名：*Butomus umbellatus*
- 英文名：Floweringrush
- 俄文名：Сусак зонтичный
- 花蔺科，花蔺属

第一次看见花蔺是在饶河县红旗岭农场的千鸟湖湿地。我为了更好地观察湿地植物，徒步在湿地中狭窄的观光路上。走着走着，忽然发现道旁湿地里几株像花伞一样的野花。这是一种我过去从没有见过的野花，株高将近1米，圆柱形的花葶顶着伞状的花序从叶间伸出，每个伞骨上都开着一个“粉心”的小白花，格外清新雅致。这种美丽的水生植物就是花蔺。

花蔺

花蔺

去年夏天，我在虎林市八五八农场松阿察河口附近，再次见到了花蔺，这次见到的花蔺有一小片，整整齐齐地立在水边，就好像撑起花伞的看客，静静地关注着水面上发生的一切。我又一次爱上了花蔺。

线叶旋覆花

- 拉丁名：*Inula linariifolia*
- 英文名：Linearleaf Inula
- 俄文名：Девясил льнянколистный
- 菊科，旋覆花属

七月的大地同样可以一片金黄。这铺天盖地的金黄，当然不是早春抢眼的蒲公英，蒲公英的花期已经过了，此时盛开的是比蒲公英更好看的旋覆花。从七月到九月，一直都可以看到它的身影，只不过在八月，开得最旺。

在北大荒，公路旁边的野地里就有成片的旋覆花，像是人工种植的花海。旋覆花的生命力就是这般强大，无须人工培育，它们就把自己变得无与伦比，在自然界里完全占有了一席之地。

线叶旋覆花

旋覆花

旋覆花不仅在数量上取胜，它的美也是平淡而真实的。我曾把房前花园里自然生长的小片旋覆花剪了几枝放在餐桌上的花瓶里，平凡的旋覆花一下子变得耀眼而夺目，好像再没有哪样插花能与之相比。我不得不重新审视它的美。它是标准的菊科头状花序，每朵花的直径约有 3 厘米，边缘的舌状花整齐地排列着，透出一种规律的美。

旋覆花，又名金佛草，花序入药，有镇咳止喘的功效。北大荒的旋覆花主要有线叶旋覆花及旋覆花两种。线叶旋覆花特征明显：首先它的头状花序较小，其次它的叶子线状披针形，并且边缘向外反卷，这些都与旋覆花相区别。

兴凯百里香

- 拉丁名：*Thymus przewalskii*
- 英文名：Thyme Przewalski
- 俄文名：Тимьян Пржевальского
- 唇形科，百里香属

复古的花鸟图案浅盘，精致的果蔬沙拉，诱人的甜品蛋糕，可口的意大利面，当然少不了与美食同在的薰衣草、甜罗勒、迷迭香、百里香等让人沉醉的香草。这些气味各不相同的香草，把美食变得更加美味了。我在吃西餐的时候，总是留意这些用作香料的香草，这些香草的气息早已经征服了我。

我喜欢植物，尤其喜欢能散发出某些特殊味道的香草。当它们在厨房里大显身手的时候，更能显出它们的神奇之处。也许你会说，这些香草我们也感兴趣，可我们这里没有啊！那么现在我就告诉你，北大荒就有一种土生土长的香草，它生长在兴凯湖的湖岗上，叫作兴凯百里香（展毛地椒）。如果从十九世纪的俄罗斯探险家尼古拉·米哈伊洛维奇·普尔热瓦尔斯基给它命名算起，它至少在这里生存两百年了。百里香喜欢生长在向阳的贫瘠的沙砾土壤中，兴凯湖湖岗上刚好就是这样的环境，

兴凯百里香

兴凯百里香

据说生长在这样的环境里，它的香气最佳。

兴凯百里香在地面上的高度只有 10 余厘米，两片长匙形的叶子对生在一节节长满细毛的茎上，在茎的顶端开起一小簇淡紫色的唇形花。兴凯百里香看起来好像只是柔弱的草本，实际上它更具有某些灌木的特征，我们称之为“半灌木”。它的根深深地扎在土壤里，想要挖下来都不是一件容易的事。兴凯百里香的花期很长，从六月末一直可以开到九月末，它的叶子一直都带着浓烈的香气。

如今，兴凯湖的湖岗受到湖水的冲刷，日渐消失了。没有了栖息之地的兴凯百里香也越来越少，找起来已经有些困难了。我希望在哪里还能发现一大片，然后采集它们的种子，给它们找一个新家……

路边青

- **拉丁名：** *Geum aleppicum*
- **英文名：** Aleppo Avens
- **俄文名：** Гравилат алеппский
- **蔷薇科，路边青属**

路边青

路边青是一种很常见的野花，它原来的名字是水杨梅，我还是习惯于它原来的叫法。对现在这个名字，我一直困惑，它的花瓣是黄色的，为什么就叫路边青了呢？应该叫“路边黄”才对呀。

作为蔷薇科的植物，路边青也同样有 5 枚花瓣，它的外圈雄蕊的花粉粒呈紫红色，极好地装饰了路边青，也是最让我们难忘的地方。如果仅从观赏价值来讲，我并不觉得它特别好看。它的花稀稀落落的，在枝头凌乱地开着，单看一朵花还好些，整体上看，它的花瓣就显得小了，若是再大些可能就会漂亮许多。

从药用价值来讲，路边青就用处多多了。它的全草都可以入药，有祛风、除湿、止痛的功效，嫩苗还可以作为野菜食用。我在路边青开花的时候能轻易地认出它，

路边青

至于幼苗时就没有什么印象，即使看见了也未必认识。查找了它的幼苗图片，才对上号，原来我也经常见到它呀。看来要学习的真是太多太多，明年先找一找它的幼苗，采点尝尝，让我家的餐桌上再添一种绿色食品吧。

萹 蓄

- 拉丁名：*Polygonum aviculare*
- 英文名：Common Knotgrass
- 俄文名：Спорыш птичий
- 蓼科，萹蓄属

有时候有些植物就在我们脚下，不经意间就会被我们踩踏，而它们也毫不介意，照样花开花落——萹蓄就是这样一种常被我们踩在脚下的植物。

从植物分类上，萹蓄是蓼科萹蓄（蓼）属植物，又称扁蓄蓼。萹蓄的株高 20 厘米左右。它的茎通常不能直立，总是斜斜地卧在地上，繁繁茂茂的一片。萹蓄的

萹蓄

花很小，生在叶腋处。没开花的时候，粉色的花蕾也还好看，开花之后，就只能看见中间绿色、边缘白色的花瓣了，似乎平淡了许多。

萹蓄产于全国各地，整个北温带都有分布。这样一种随处可见的野草，却有着药用的功能。它的全草都可以入药，有清热解毒的功效。

北柴胡

- 拉丁名：*Bupleurum chinense*
- 英文名：Chinese Thorowax
- 俄文名：Володушка китайская
- 伞形科，柴胡属

对柴胡的认识，只是小时候偶尔在药盒上见到的一个名字。至于到底什么样子，没有见过，更没想过我们这里会不会有。现在才知道这个为我们治病的柴胡，在北大荒就有，而且还不止一种。

黑龙江最常见的柴胡是北柴胡和大叶柴胡。北柴胡的茎细弱，复伞形黄色小花松散地开着，很不起眼。它的叶子窄椭圆形，同样不引人注目，而大叶柴胡却非同一般：它的叶子长出地面就有 10 余厘米长，而且叶子上面的脉纹清晰而美丽。行至林间，不认识它的人经常会问起它的名字。

北柴胡

七八月，大叶柴胡黄色的小花就开了，一看它的花序就知道它是伞形科植物。而此时它已经长得有 1 米多高，看起来并没有初春时那样引人注目，唯一能记住的就是它的叶子抱茎生长的样子了。

大叶柴胡

狼尾花

- 拉丁名：*Lysimachia barystachys*
- 英文名：Heavyspike Loosestrife
- 俄文名：Вербейник густоцветковый
- 报春花科，珍珠菜属

猫儿菊开花的时候，狼尾花也悄然开放了。这个在六月里还耷拉着尾巴、打着花苞的狼尾花，随着渐渐绽开的花苞，它的白色尾巴也变得直立起来。

喜欢狼尾花，就是喜欢它从曲到直的过程，喜欢它俏丽造型的小尾巴。狼尾花全株都有白色的柔毛，叶形如柳。它的整个小尾巴样的花序轴长度可达 10 厘米，密集的白色小花从下往上次第开放，花期长达一个多月。

狼尾花生长在草甸当中，常常形成壮观的群落，煞是好看。我曾试着去闻它的花香，没想到还有很浓郁的香气，狼尾花在我心中的位置又增添了许多呀。

狼尾花

合掌消

- 拉丁名：*Cynanchum amplexicaule*
- 英文名：Amplexicaul Swollowwort
- 俄文名：Ластовень стеблеобъемлющий
- 夹竹桃科，鹅绒藤属

虽然与白薇都是夹竹桃科（原萝藦科）鹅绒藤属的植物，合掌消看起来并没有白薇醒目，它的黄色小花也比不上白薇的紫红色花娇媚。

从外形上，合掌消的高度常在50厘米以上，比白薇要高，而且它的叶子上没有毛，叶子上有清晰漂亮的脉纹，植株底部至上部的叶子依次变小。它与白薇最明显的区别在于花序的位置，白薇的花序长在茎的周围，而合掌消的多歧聚伞花序都长在顶部或顶部的叶腋。

合掌消也有紫色的花，但我没有见过，我们这里生长的都是开着黄花的合掌消。

合掌消

萝藦

- 拉丁名：*Metaplexis japonica*
- 英文名：Japanese Metaplexis
- 俄文名：Метаплексис японский
- 夹竹桃科，萝藦属

从一长出地面，萝藦那卵状心形的叶子和它攀缘的茎就已经引人注目。我对萝藦的喜爱也几乎是它的全部——从它叶子的形状及上面的脉络，从它攀缘的快速生长的茎以及在茎上盛开的小花，到九月间它长成的纺锤形的果实，萝藦全身都那么惹人喜爱。

我还想特别提起的是它的花香。有一次，我在八五六农场水库坝堤上驱车行驶，打开的车窗传来阵阵浓香，我很纳闷，是什么植物的花香呢？我左右寻找，并没有什么发现。我停下车来，循着花香想看看究竟，终于在水库的坝堤一侧，我看见了匍匐满地的萝藦，那阵阵花香就是从它那里散发出来的，七八月正是它的盛花期。

萝藦

萝藦

作为可以攀缘的藤蔓类观赏花卉，萝藦绝不逊色。我喜爱萝藦，去年还特意采了很多萝藦的种子，我要把我家的园杖上种下萝藦花，让它爬满整个园杖，让它的花香飘进我的书房……

麻叶千里光

- 拉丁名：*Senecio cannabifolius*
- 英文名：Hempleaf Groundsel
- 俄文名：Крестовник коноплёволистный
- 菊科，千里光属

菊科千里光属除了长相特别的欧洲千里光之外，其余种类的千里光也都比较好识别。

全叶千里光

麻叶千里光高大，常有 1 ~ 2 米，但是它的头状花序却不大，组成的复伞形花序也不大。千里光属的多数花为黄色，麻叶千里光也不例外。它的黄色舌状花有8片左右，比起它的花冠，我更喜欢它的粗大的羽状叶子。麻叶千里光还有一个变种——全叶千里光，它的叶子并不分裂。它的花期与麻叶千里光相同，都是七八月间开放。

八月下旬的时候，草地上还有一种千里光，现在叫额河千里光（羽叶千里光），正值花期。额河千里光最有特点的还是它的叶子，羽状深裂并且裂片较狭。它的舌状花有 10 余朵，通常在 1 厘米以下。

千里光的中药名称为返魂草，可以祛痰平喘，有很高的药用价值，现在已被人工种植推广。

额河千里光

额河千里光

千屈菜

- 拉丁名：*Lythrum salicaria*
- 英文名：Spiked Loosestrife
- 俄文名：Дербенник иволистный
- 千屈菜科，千屈菜属

小时候，路旁最常见的花就是千屈菜了，在地头、沟边、路旁、湿草地，到处都有它俏丽的身影。它的叶对生似柳叶，喜欢生长在湿润、有浅水的环境，因此又称水柳。

千屈菜的花小而多，那艳丽的深粉色很让人发自心底地喜欢。它的颀长的花茎差不多与株高等同，最高可达 1 米以上，整齐秀丽的身形在湿草地里脱颖而出。千屈菜不仅美丽非凡，而且花期长达三个月，有时千屈菜与黄色的旋覆花同在一片草地开放，真是名副其实的天然大花园。

千屈菜

我在四川的一个寺庙里，看见了养在大缸里的千屈菜，真是没有想到。也不奇怪，千屈菜产于全国各地，在哪儿看见都不算新鲜，但我还是喜欢北方湿地里成片生长的千屈菜，它们在自然环境下生长的画面才是最和谐的吧。

千屈菜

牛 蒡

- 拉丁名：*Arctium lappa*
- 英文名：Great Burdock
- 俄文名：Лопух большой
- 菊科，牛蒡属

早春四月，牛蒡就开始长出比别的植物大很多的叶子了。经过两个月的生长，它已经长得足够壮大，那个初生就很大的叶子，已经大到 30 厘米左右。

牛蒡最有趣的部分还是它的卵球形的总苞，层层把它的小花包住，总苞上面形成一个个针状的钩刺，除了顶端开着紫红色的管状小花之外，牛蒡的花看起来就是一个刺球。到了秋季，这个刺球变得坚硬起来，令人不敢接近。

牛蒡除了叶子硕大，它的根茎同样粗壮，总会令人觉得它力大无比，而它的中药名字就叫大力子，真是很贴切的称谓。

牛蒡

刺五加

- 拉丁名：*Eleutherococcus senticosus*
- 英文名：Siberian Ginseng
- 俄文名：Свободноягодник колючий
- 五加科，五加属

大自然给予我们的真是太多。除了早春地面上冒出的野菜，山林里某些树木的叶子也可以食用。五月初的时候，北大荒的老百姓就会去采摘刺五加的嫩叶，吃起来有一种清香的味道。

刺五加在普通的混交林或次生林中就能见到，它的茎有密密的刺，因此得名。刺五加的花序是伞形花序，它的花在长长的花梗上生出一个伞形的圆球，每个伞形的小花梗上开着乳黄色五角星样的小花。刺五加的叶子掌状，小叶的数目也常常是5个。

刺五加

刺五加

无梗五加

除了刺五加之外，北大荒还有一种无梗五加。顾名思义，它的花都没有花梗，只有一个紧密的头状花序，未开放时形成一个深紫色的小球，开花的时候，5 枚深紫色的花瓣也不明显，倒是那白色的花药从花瓣中伸出来，让我们觉出这是一朵花。这两种刺五加的花期在七八月间。到了九月底，它们的果实就变成了黑色，形状彼此不同：无梗五加的果实有些椭圆，而刺五加的果实是圆形的。

除了可以食用之外，刺五加最出名的还是它的药用功能。当地某药业公司用它制成刺五加注射液，治疗脑动脉硬化、脑血栓以及冠心病、更年期综合征等，效果很好。

林泽兰

- 拉丁名：*Eupatorium lindleyanum*
- 英文名：Lindley Eupatorium
- 俄文名：Посконник Линдлея
- 菊科，泽兰属

七八月间，在山林里行走，很容易就见到林泽兰。

林泽兰的高度有近 1 米，它的茎笔直地长着，有紫色和绿色两种。它的叶子对生，细长的叶子边缘有大小不一的齿。它的头状花序在花枝顶上形成紧密的伞形花序或复伞形花序，花有白色、紫粉色。

我在林中稍远处看到一团粉红色的花，不知道是什么，走近一看，原来是林泽兰，它的花朵也这样炫目啊。

林泽兰

林泽兰

我原来对林泽兰的花并不在意，但时间久了，反倒觉得它密密麻麻的花越来越漂亮了。我最近还在想，把它培育成插花怎么样？应该会是很好的品种吧，而且它一个月的花期看来也很不错呢。

返顾马先蒿

- 拉丁名：*Pedicularis resupinata*
- 英文名：Resupinate Woodbetony
- 俄文名：Мытник перевёрнутый
- 列当科，马先蒿属

在自然界里寻觅花草，最开心的就是发现了某种没有见过的种类。我在八五八农场场部附近的林地中发现返顾马先蒿时，着实让我开心了许久。

返顾马先蒿的花大小适中，花冠长 2 厘米左右，淡紫红色。最有趣的还是这个紫红色的花冠总是向右边扭转，好像要回头张望的样子，它也因此被冠以返顾马先蒿的名字。返顾马先蒿不仅样子奇特，它的叶子也同样入眼。叶子上的中脉和侧脉深凹在叶面上形成明显的脉纹；叶的边缘钝圆的锯齿有规律地排列，也是韵味十足。

返顾马先蒿在北大荒并不常见，我又有些年头没有看到它了。今年夏天我要再去一次曾经发现它的地方，但我很是担心那片林地还在不在。

返顾马先蒿

独行菜

- 拉丁名：*Lepidium apetalum*
- 英文名：Papperweed
- 俄文名：Клоповник безлепестный
- 十字花科，独行菜属

喜欢独行菜这个名字，让我想起行走江湖的独行侠，耐得住寂寞与忧伤，独行菜大概也是这般风韵吧。

童年时，在上学的路旁就看见成片的独行菜。其实，想起独行菜，并不记得它幼苗或开花的样子，所能记得的就是它茎上面的分枝长出来的一串串形如穗状的果实，它们疏密有致地排列着。我们几乎看不到它开花的样子，因为它的花没有花瓣或者花瓣退化成丝状，所以不被人注意。

独行菜

独行菜又名“辣子草”，它的种子有股辣辣的味道，入药称为“北葶苈子”，用于治疗喘咳痰多、胸肋胀满等症，它的嫩苗还可以食用，不知道它的嫩苗是不是也有股辣辣的味道呢？来年一定采些尝尝。

粗毛牛膝菊

- **拉丁名**：*Galinsoga quadriradiata*
- **英文名**：Hairy Galinsoga
- **俄文名**：Галинсога четырёхлучевая
- **菊科，牛膝菊属**

不知从什么时候起，粗毛牛膝菊变得到处都是。这个我小时候并未见到的种类，现在已经四处传播，成了我们不可忽视的路边小花。

粗毛牛膝菊的花真是小，小得差不多被忽略。仔细看，它的白色齿状花瓣以及黄色的管状花还是很精致的，颇能引起我们的注意。我查了植物志，知道它的全草可以药用，有消炎止血以及降压的功效。

说起某种植物，周围的人最经常问我的是它能不能吃，但这粗毛牛膝菊我还真不知道是否可以食用，查找资料后才知道它是可以食用的，据说它的嫩茎叶还有特殊的香味呢。

粗毛牛膝菊

全叶马兰

- 拉丁名：*Aster pekinensis*
- 英文名：Peking Aster
- 俄文名：Астра пекинская
- 菊科，紫菀属

马兰花，多年以前就在故事里听到过的名字，但究竟是什么样的花朵，一直于我是个谜。现在，我知道菊科紫菀属（马兰属）有几种叫马兰的植物，但它是不是我小时听到的故事里的马兰，还未可知，权当是了吧，至少它们的名字相同。

我最常见到的还是全叶马兰，在我的眼里它就是一种淡紫色的小菊花，当然它也同菊花一样不失雅致。全叶马兰与其他种类的马兰最显著的区别是它的叶子，它的叶子呈披针的条形，叶子全缘（叶子的边缘平整，没有锯齿），叶子的正反面都有密密的短毛，呈现出灰白色。另外，它的花较小，颜色略淡，舌状花有 20 余个。

全叶马兰

山马兰

八月下旬还有一种山马兰，它的花的大小与颜色都与全叶马兰差不多，但它的舌状花只有 10 余个。另外，它的茎中部的叶子有稀疏的锯齿或羽状的浅裂，这与全叶马兰相差很大。

全叶马兰的花期在七月最盛，而且花开成片。因为它有 50 厘米左右的高度，我们可以站在它们的后面，连同它们一起摄入镜头。镜头里的你，身边围绕着成片的马兰花，那种画面一定很美。

草本威灵仙

- 拉丁名：*Veronicastrum sibiricum*
- 英文名：Siberian Veronicastrum
- 俄文名：Вероничник сибирский
- 车前科，腹水草属

腹水草属植物与兔尾苗（穗花）属植物很像。它们的花朵都长成密密的穗状，并且蓝紫的颜色也差不多，但它们也是有区别的。穗花属植物的花冠筒短，裂片比筒长，萼齿通常 4 个，而腹水草属植物的花冠筒较长，萼齿通常是 5 个。此外，腹水草属植物常见的只有草本威灵仙一种，还有一种难得见到的管花腹水草。

草本威灵仙

草本威灵仙很容易辨别，它的茎不分枝，叶子较宽而且轮生，叶子边缘的锯齿细密。管花腹水草的茎也不分枝，它的叶子是互生的，只在中部有一条脉并且叶缘的锯齿稀疏。

七八月间，在林缘开放的草本威灵仙，轮生的叶子从底部向上逐渐变小，一穗穗薄雾般的紫色花是那样迷人。

管花腹水草

兔儿伞

- 拉丁名：*Syneilesis aconitifolia*
- 英文名：Aconiteleaf Syneilesis
- 俄文名：Синейлезис борцоволистный
- 菊科，兔儿伞属

兔儿伞的确像一把伞。五月里，它的叶子像一把闭合的伞；六月初的时候，它的叶子已经展开，如同撑开的伞；茎的上部已经分枝，明显地看出它有 2 片叶子，其中一片叶子已经长出直立的花茎；到了七月中旬，它那长长的花梗上的粉白色伞房状的花就开了。

兔儿伞是菊科兔儿伞属植物。它的筒状花很小，很难吸引我们，但它的叶子掌状深裂，每个裂片又有叉裂，形状正如一把伞，乖巧可爱，兔儿伞的名字也是来源于此吧。

兔儿伞

羊 乳

- 拉丁名：*Codonopsis lanceolata*
- 英文名：Lance Asiabell
- 俄文名：Колокольник ланцетный
- 桔梗科，党参属

有一种植物，它的名字叫羊乳。起初我并不在意它的名字，现在越来越觉得这个名字很有趣，一想起来就会让我哑然失笑。

羊乳又被称为轮叶党参，它是桔梗科党参属的植物。羊乳的花期与桔梗相同。七八月，在山地灌木丛林或阔叶林里看见桔梗花开的时候，就可以见到羊乳开花。

羊乳是藤蔓植物，它的茎常常缠绕在别的植物上面，比较容易识别。未开花的羊乳被绿色的萼片包裹得严严实实，实在想象不出里面隐藏着怎样的花冠。开花后

羊乳

羊乳

就看到它的花像一口钟，钟口的边缘形成三角形的裂片，而且向外反卷。从外面看它的花冠呈紫白色，花冠里面有一圈紫红的斑点，也很赏心悦目。

不知何时，我家的花园里长出了一株龙牙草。龙牙草原本是户外的野花，能在我家花园里生根发芽，也是我们的缘分吧。

龙牙草在我国是一个广布种，南北各省都有分布，在黑龙江龙牙草也很常见。龙牙草的花穗细长，上面开着黄色的小花。它的花穗时常向下弯曲，看起来有些柔弱。龙牙草果实的形状很特别，有些像跳棋的棋子，外面还有 10 条突起的竖肋，很可爱。

这些随意生长的龙牙草，却是名副其实的草药，具有止血健胃的功效。它的嫩茎叶也可以食用，营养丰富，据说还有抗癌的作用。我不知它有没有这样神奇的效果，但我相信它作为野菜，营养一定丰富。

龙牙草

辽东楤木

- 拉丁名: *Aralia elata* var. *glabrescens*
- 英文名: Japanese Aralia
- 俄文名: Аралия высокая
- 五加科，楤木属

辽东楤木的俗名叫刺老牙，嫩叶可以食用而且美味，老百姓把它栽到自家的院落，在早春的时候摘着吃。

辽东楤木很好辨识，因为它的枝条上有刺，老枝更是密布尖刺，只有发绿新长出来的枝条才没有刺。它的花排列成伞房状圆锥花序，到了七月就开始开花了，花黄白色，很微小，只感觉白花花的一团。到了九月，它的花已经结满了果实，果实是个小黑球，转圈长在粉红色的花梗周围，整个刺老鸦的花序梗也都是粉红色，配上它一串串小黑球，刺老鸦顿时变得夺目起来。

辽东楤木

辽东楤木生长在黑龙江省小兴安岭、完达山、张广才岭等山区，我在云山农场完达山的沟谷中见过，我并不担心它会绝迹，如今它已经落户到寻常百姓家了。

轮叶沙参

- 拉丁名：*Adenophora tetraphylla*
- 英文名：Fourleaf Ladybell
- 俄文名：Бубенчик четырёхлистный
- 桔梗科，沙参属

轮叶沙参

提起轮叶沙参这个名字，可能我们并不熟悉，但要说起它就是我们六月初在林子里采摘的四叶菜，就感觉不陌生了。

我们采摘的四叶菜，有宽叶的、窄叶的，还有的茎叶上光滑及多毛的，但都是可以食用的。这些不同外形的四叶菜也是不同的种类，常见的有轮叶沙参、展枝沙参等。

我们采摘的四叶菜就是轮叶沙参或展枝沙参。轮叶沙参的茎生叶全部轮生，花序也是轮生的；展枝沙参的花序下部轮生，中部以上分枝互生。七月末，在它的花盛期还可以观察它紫色的花：花冠较小而细长，在口部缩成坛状，花柱明显超出花冠，这是轮叶沙参；如果它的花冠较大呈钟状，花柱与花冠等长或略微超出几毫米，这就是展枝沙参。

提到四叶菜，就想起童年采菜的光景，提着小篮在田野中自在地行走，那美好

展枝沙参

的时光每一分每一秒都是快乐的。一晃几十年过去了，当年的小娃现在都到了退休的年龄。我忽然间冒出了一个想法，明年春天，我们这些当年一起采菜的小娃再邀约一下，漫步在林中，四处寻找四叶菜的时候，是不是昔日的快乐时光又回来了呢!

麻叶风轮菜

- 拉丁名：*Clinopodium urticifolium*
- 英文名：Nettleleaf Clinopodium
- 俄文名：Пахучка обыкновенная
- 唇形科，风轮菜属

夏日的水边，麻叶风轮菜漫不经心地开着，也许比不上近旁毛水苏的靓丽，但丝毫不影响它的心情，它总在七月中下旬就如期开放了。

乍一看，麻叶风轮菜和毛水苏很相似，不容易区别出来。它们都开紫色或紫粉色的花，而且它们的茎也都是四棱形的，但仔细观察起来就不一样了：毛水苏的花都集中在茎上部，形成穗状；而麻叶风轮菜的花形成轮伞状，一节节地围在茎的周围，彼此不连接。另外，从叶子上区分，可以看出毛水苏的叶子细长如柳，而麻叶风轮菜的叶子像榆树叶。

麻叶风轮菜

这两种植物花期相近，而且生长环境也一致，所以两种植物经常相邻。在野外可以把这两种植物比较来看，就容易找到区别了。

黄海棠

- 拉丁名：*Hypericum ascyron*
- 英文名：Giant St. John's wort
- 俄文名：Зверобой большой
- 金丝桃科，金丝桃属

童年时，记忆里的花除了黄花菜、金莲花之外，还有黄海棠。每年七月是黄海棠盛开的季节，我至今还能在路边的草丛里看见它。

黄海棠还有一个更形象的名字——金丝蝴蝶。它的金黄色的雄蕊细长如丝，顶

黄海棠

部的花药也是黄色，黄色花瓣有 5 瓣，如风车的叶片一般向右旋，看起来仿佛摆动着翅膀的蝴蝶，还真可爱呢。黄海棠还有一个植物学特征的名字——长柱金丝桃，因为本种有着长长的花柱，明显区别于金丝桃属的其他种类的金丝桃。

黄海棠

金丝桃属里还有一种名叫赶山鞭的植物。赶山鞭的花与黄海棠相似，就是小了一圈。它的花从六月末一直到八月末都能见到。赶山鞭原来的名字叫作乌腺金丝桃。它的花药、花瓣和萼片上常常生长着黑色的腺点，这样的花也真是有趣呢。

赶山鞭

红花金丝桃

我在湿草地中还见过一种红花金丝桃，它的花期在八月，花是粉红色的，直径只有 1 厘米。要想看它的花很不容易，我多次见过它的植株，但从没见到它开花，直到我把它移植到家中的花盆里，观察多日，才发现它在傍晚的时候开花。我暗自揣想：难道它只在晚上开花吗？这真是个谜。

藿 香

- 拉丁名：*Agastache rugosa*
- 英文名：Wrinkled Gianthyssop
- 俄文名：Многоколосник морщинистый
- 唇形科，藿香属

尽管藿香更多见于栽培，但野生的藿香在路边、田野还是可以见到。它有一股辛辣而且馨香的味道。人们栽培在园中的目的是把它用作调味品，炖鱼及炖肉放入新鲜的藿香叶可增加鲜香味。

藿香也是一种很好的药材，在中草药里被视为化湿药，归脾、胃、肺经，用于暑湿倦怠、胸闷不舒、胃肠胀气、腹痛吐泻等症，我们最常用的药物藿香正气水就是以藿香等中草药制成的口服液，针对上述症状疗效显著。然而，现在我总觉得藿香正气水的疗效不如以前了。野生的药材数量有限，人工种植的药材农药残留较大，可能会影响药物的疗效吧。

藿香

天蓝苜蓿

- 拉丁名：*Medicago lupulina*
- 英文名：Black Medic
- 俄文名：Люцерна хмелевидная
- 豆科，苜蓿属

就在我家不远的公路旁，我发现了天蓝苜蓿。时值七月，天蓝苜蓿正开着黄的花，它的花序像一个黄色的小球，上面有一二十朵花。

天蓝苜蓿的花期很长，从七月一直到九月。我八九月再见到它的时候，它已经被修剪得没有花了，成了公路旁草坪化管理的一种地被植物，与草坪浑然融为一体了。

天蓝苜蓿

天蓝苜蓿

天蓝苜蓿花是黄色的，为什么称之为天蓝苜蓿我不得而知，而天蓝苜蓿的英文为“Black Medic”，可以直译为黑苜蓿，好像跟天蓝苜蓿的中文名字差得很远，希望有一天能得到答案。

胡枝子

- 拉丁名：*Lespedeza bicolor*
- 英文名：Shrub Lespedeza
- 俄文名：Леспедеца двуцветная
- 豆科，胡枝子属

提到胡枝子，就想起我的中学时代。记得那是 1983 年的秋季，为了响应中央号召，我们学校组织学生集体到野外采集胡枝子的种子，支援甘肃绿化建设，当时把这个行动叫作“采种支甘”。

胡枝子

我们要去采集的树种胡枝子，还有一个俗名叫苕条。在东北，老百姓常用它的枝条编筐。胡枝子的花期较长，能从七月开到九月，它的花红紫色，盛花期整个枝条都红艳艳的，很是好看。如果仔细看它倒卵形的叶子，叶子的中间及两边都有明显的脉纹，总让我想起西游记里铁扇公主的芭蕉扇。

我们采集胡枝子种子的时候已是晚秋，枫叶早已经被秋风染成了红彤彤的颜色，当然胡枝子的种子也已经成熟了。在老师的指导下，我们很快就认识了胡枝子和它的种子，采集行动马上开始。蓝天白云，红叶做伴，我们在野外快乐而兴奋，采集过程中还遇到了不少小插曲——我身边的一位女同学突然一声尖叫，原来一个毛毛虫掉落到了她的胳膊上，她被吓哭了，我也不知哪里来的胆子，很快从地上捡起一

胡枝子

个小棍，帮她把毛毛虫从胳膊上扒拉下来。

我在这次采集中还见到了很多新奇的植物，有一株转圈结满黑豆豆、茎很黏人的植物，很是吸引我的注意。因为好奇我拿回家给妈妈看，妈妈把它叫“黏黏蔓儿”。现在想来，它可能是茜草科的植物。

胡枝子属还有另外一个成员——尖叶铁扫帚。顾名思义，它的叶子前端略尖或钝圆，有小刺尖，它开的花是白色的。

尖叶铁扫帚

胡枝子是豆科胡枝子属的多年生直立灌木，十分耐旱，是防风固沙、水土保持的优良树种。我们当年采集的胡枝子的种子，在甘肃一定长成了很高大的植株了吧。三十多年过去了，如今我在野外见到胡枝子还会想起我的初中年代，那片小树林还在。如果要再来一次“采种支甘”的话，我还会像当年那样兴奋，不仅如此，而且我会采得更多更多……

蹄叶橐吾

- **拉丁名**：*Ligularia fischeri*
- **英文名**：Fischer Goldenray
- **俄文名**：Бузульник Фишера
- **菊科，橐吾属**

我对虎林至饶河的虎饶公路一直都有着美好的印象，因为那里的公路两旁到处都是风景。五月，溪流边黄色的驴蹄草与白色的银莲花交相辉映；六月，成片的粉色柳兰和红色的毛百合鲜艳得扎眼；到了七月，那点缀在林边的橐吾的高大黄色花串，更让我情迷。

菊科橐吾属的成员，在黑龙江最常见的是蹄叶橐吾与复序橐吾。它们的花期都在七月，花期一个月左右，它们的花还有淡淡的香味呢。

五月里，蹄叶橐吾刚长出的叶子还是圆形的，后来顶部慢慢变尖，最终变成蹄形的叶子。蹄叶橐吾的茎、花序及苞叶上都布满蛛丝状毛。复序橐吾的花和叶子与蹄叶橐吾相像，但它的茎叶及苞叶都没有蛛丝状毛；复序橐吾的苞叶长线形，与蹄叶橐吾的披针形有所不同。另外，复序橐吾的花梗呈紫红色，而且它有分生的花序。

蹄叶橐吾

复序橐吾

复序橐吾

野苏子

- 拉丁名：*Pedicularis grandiflora*
- 英文名：Bigflower Woodbetony
- 俄文名：Мытник крупноцветковый
- 列当科，马先蒿属

这是一种生长在沼泽之中或湿草地里的植物，因为数量稀少的缘故，很难有机会见到。我几次驾车路过长着这种植物的沼泽地只能远远相望，充满好奇：那究竟是一种怎样的植物？株高将近 1 米，一丛丛开着粉色的花，就像贵妇似的，打扮光鲜却遮遮掩掩，很难近距离见到它的尊容。后来这片沼泽地被开发成水稻田，即使远远相望也没有这样的机会了。

野苏子

野苏子

有一次去虎头旅游，途中经过月牙湖风景区，在路边不远处又见到了它！我欣喜万分，再也不能错过这样的机会了，我急忙停下车，举起相机，终于把它摄入镜头。这种美丽的植物就是列当科马先蒿属的野苏子（又名大花马先蒿）。它有着直立粗壮的茎，花序几乎同茎等长，花朵稀稀疏疏地生在花茎两侧，从下向上开放。迷人的唇形花冠，足有三四厘米长，而且从来都是微微张开的样子，人们只能远远望见那一丛丛诱人的粉色花枝。

现在月牙湖的这片湿地被改造成良田灌溉区，野苏子又消失了，或许只有苦苦寻觅的植物学家们，才能有幸见到这个花中贵妇了。

桔梗

- 拉丁名：*Platycodon grandiflorus*
- 英文名：Balloonflower
- 俄文名：Ширококолокольчик крупноцветковы
- 桔梗科，桔梗属

我的脑海里至今还常常闪现这样的画面：一簇簇灌木丛，一片片绿草地，就在这灌木丛旁的草地里，盛开着一枝又一枝5个花瓣的紫色的花。仔细看来，这5个花瓣的底部是连在一起的，像五角星一样。我把它们采回家，一路上小心地捧在手里，到家后找个空罐头瓶，把它们插在瓶里，置于窗台之上，看着它们心里就美滋滋的。长大后才知道，这个伴随着我童年的美丽紫色花就是桔梗。

桔梗是单属种植物，意为桔梗科桔梗属里只有这一种植物。桔梗的根在东北朝鲜族人的餐桌是被制成凉菜食用的，几乎每个朝鲜族餐馆都有这道菜。朝鲜族人民喜欢桔梗，把它编成民谣歌曲《道拉基》传唱，道拉基就是山桔梗的意思。俄罗斯人也很喜爱桔梗花，我在符拉迪沃斯托克（海参崴）的市场边看到紫色的桔梗花与白色的一年蓬搭配起来卖，两百卢布一束，真是好看。那紫色的桔梗，花色比在山里看到的更浓更艳，这里的桔梗花已被爱花的俄罗斯人作为园艺品种大面积栽培了。

桔梗

桔梗的花期较长，从七月下旬到九月初，都可以看见桔梗开花。桔梗的花骨朵很像僧帽，所以又称僧帽花。它成熟的蒴果也有些像僧帽。我在九月中旬上山采集它的种子，大部分已经成熟了。这些成熟的种子，足够我种上一小片了吧，我希望美丽的桔梗花再次伴我入眠。

薄荷

- 拉丁名：*Mentha canadensis*
- 英文名：Wild Mint
- 俄文名：Мята канадская
- 唇形科，薄荷属

我们从牙膏上对薄荷这种植物已经有了初步的认识。由于它特有的辛辣香味，薄荷在烹调上的作用也渐渐增长，更多的不同种类的薄荷已被老百姓广泛栽培。

从植物分类上，薄荷属于唇形科薄荷属植物。我们这里最常见的野生薄荷开着紫色的花，被称为野薄荷或银丹草。

薄荷是一种繁殖能力非常强大的植物，它的生长常常带有入侵性。同许多入侵植物一样，它的地下茎匍匐生长，在地下四处游走，地下茎每段都能生长薄荷，很

薄荷

薄荷

快就会繁殖成一大片。我曾在我的几平方米的小花园栽植了几株薄荷，没想到第二年已经入侵了差不多整个花园，每年我都得花费大量精力去铲除它。若在菜园里种植薄荷，定期翻地，才好控制它的数量。如在花园里种植，最好栽在花盆里，否则它将令你头痛不已。

蔓白前

- 拉丁名：*Cynanchum volubile*
- 英文名：Twining Swallowwort
- 俄文名：Ластовень вьющийся
- 夹竹桃科，鹅绒藤属

在林中漫步，偶尔会看见小树枝上缠绕的开着白色五角星样小花的植物，这种白色的花瓣上面还生有细细的绒毛，再仔细观察，还可看见它披针形的叶子成对生长在茎旁，这种植物就叫蔓白前。

熟悉它的人很快就能判断出它是夹竹桃科（萝藦科）鹅绒藤属的植物，因为它花冠筒上生有副花冠，副花冠是鹅绒藤属的特征之一，同属的白薇、合掌消都具有这个特征。

我在寻找蔓白前的时候，林中的桔梗以及各类沙参的花也开放了。你看，夏花也是个大家族呢。

蔓白前

北火烧兰

- 拉丁名：*Epipactis xanthophaea*
- 英文名：Yellowblack Epipactis
- 俄文名：Дремлик Тунберга
- 兰科，火烧兰属

熟悉兰科植物的人在野外一见到北火烧兰，就可以从它的花型构造判断出它是兰科的植物。它的花被片同样有萼片及唇瓣之分，但整个植株与花的构造稍有些特别。

首先是北火烧兰的叶子：它的叶子基部具有明显的叶鞘（叶的基部呈鞘状包围着茎，形成抱茎状），从茎的底部由大到小互生；它的花梗也有些特别，花梗长近2厘米，而且上面有多条线状突起；北火烧兰的花淡黄褐色，它的最外一层花被片正中间的称为中萼片，左右两侧的称为侧萼片，萼片背面为绿色，里面则是好看的紫褐色与黄色掺杂在一起的颜色。北火烧兰里面的一层花瓣共有3枚，左右两侧各有1枚卵形的侧花瓣，最底下的为唇瓣，分为上下两唇，形状各异。

北火烧兰

兰科植物与其他植物不同，它对生存环境要求很高，它必须生存在一定荫蔽和潮湿的环境。北火烧兰也是如此，生存在湿草甸及林下潮湿地，我又有几年没有见到它了。

山尖子

- 拉丁名：*Parasenecio hastatus*
- 英文名：Hastate Parasenecio
- 俄文名：Недоспелка копьевидная
- 菊科，蟹甲草属

山尖子

我的想象力比起真实的自然界实在逊色太多。单就植物而言，各种颜色组成的花卉，各种造型奇特的花冠以及与之相配的形形色色的叶子，总是超出我的想象。在林中穿梭，我无时无刻不被这样的植物吸引着。有一种植物，我着实被它标准的三角形状的叶子吸引住了，它就是山尖子。

我第一次见到它，并不知道它的名字，只知道它太特别了，为什么它的叶子就是三角形呢，真有趣！当同行告诉我它叫山尖子，我马上就记住了。是的，那尖尖的三角叶，有时也略带些戟形，真是太有特点了！它的叶子五六月就早早长成了，即使长得很高了，却还不见它开花。我不断地观察，七月中旬的一天，终于见到它开花了，可它的花却让我大失所望：它的花只是开在植株顶部的一朵朵淡白色的菊花状小花，实在不好看。也许，山尖子的妙处就在于它的叶子吧，有了这样美妙造型的叶子就足够了，何必要求得太多呢。

山尖子

金灯藤

- 拉丁名：*Cuscuta japonica*
- 英文名：Japanese Dodder
- 俄文名：Повилика японская
- 旋花科，菟丝子属

我在一棵榛子树上见到了金灯藤，它的茎在榛子树的枝条上层层叠叠缠绕着，好像要把它绞杀掉似的。的确，金灯藤就是寄生植物。

金灯藤是旋花科菟丝子属植物，又名日本菟丝子。它的特征与旋花科好像差别有点大，但因为它的花的构造属于旋花科的特征，所以植物学家还是把它归到旋花科里。我对金灯藤印象颇深的是它的茎——那缠绕的茎有红有黄，并带有紫红色瘤状的斑点。我发现它的时候是七月末，它刚刚开花，花冠微小，有些绿白色。一个月后再见到它的时候，它的茎上缀满了紫红色灯笼样的果实，难怪叫它金灯藤呢。

金灯藤

除了金灯藤，常见的菟丝子属植物还有广布的菟丝子，它的茎是黄色的，比起金灯藤纤细很多。菟丝子是北大荒大豆地的有害杂草，但它的种子可以药用，益补肝肾，近年来被作为道地药材种植，还有很好的收益。

金灯藤

东风菜

- 拉丁名：*Aster scaber*
- 英文名：Scabrous Doellingeria
- 俄文名：Деллингерия шершавая
- 菊科，紫菀属

每当我看到东风菜这个名字，心情就很快意。我总觉得东风有紫气东来的意境，令我想起朱熹《春日》里“等闲识得东风面，万紫千红总是春”的诗句。在我心里，东风菜是与春光连在一起的，很有春意融融的味道，但在自然界里它却是夏秋之花，总是伴着莲花一起开放，开着开着秋天就来了。

东风菜是菊科植物，它的舌状花是白色的，虽然花型不大，但在茎的分枝上开满花的时候，也能形成美美的一大捧。

东风菜

东风菜

东风菜是个高个子，常常 1 米有余，在林缘就能看见。它的花期从七月末至九月初，此时北大荒的山林正是蘑菇生长的季节，我们采蘑菇的时候，在山路旁穿梭，那路边盛开的“白菊花”，就是可爱的东风菜。

大叶石头花

- 拉丁名：*Gypsophila pacifica*
- 英文名：Pacific Gypsophila
- 俄文名：Качим тихоокеанский
- 石竹科，石头花属

兴凯湖的岸边沙地，生长着许多沙地上独有的植物。除了兴凯赤松、兴凯百里香之外，还有一种可以食用的石竹科植物——大叶石头花。

大叶石头花又称细梗丝石竹，是石竹科石头花属的植物。我在五月见过它的幼苗，与许多石竹科的花草很像，但我不知它的花是什么样子。七八月，正是兴凯湖的旅游旺季，当我再一次来到兴凯湖的时候，发现它开花了。它的花白粉色，直径不到 1 厘米，星星点点地开在植株的顶端。它已经长成了近 1 米的株高，我都快认不出了。我拽了一下它的枝干，纹丝不动。我也曾经这样拽过兴凯百里香，它也和大叶石头花一样拎不起来。

不论高大与矮小，这些生长在兴凯湖岸边的植物，它们都把根深深地扎在沙土里，兴凯湖的大风大浪也拿它们没办法了！

大叶石头花

莲

- 拉丁名：*Nelumbo nucifera*
- 英文名：Hindu Lotus
- 俄文名：Лотос орехоносный
- 莲科，莲属

莲花，俗名荷花。很多人认为莲花大概是江南的物产，北方的高寒地区应该不会有莲花的。事实上，莲花在三江平原不仅分布广，而且生长旺盛，据说黑龙江还是全世界莲花的发源地。

盛夏七八月间，正是莲花绽放时节，碧绿的荷叶铺天盖地，壮观如潮；香气四溢的荷花，比起江南也毫不逊色，它的花茎笔直地挺出水面，托着娇艳欲滴的粉色花瓣，妖娆妩媚；偶尔有爱嬉戏的蓝蜻蜓追逐在花叶间，落在尖尖的花苞上，引来无数游人爱恋的目光。

三江平原的莲花散生在天然泡沼中，纵使无人问津也照样开得壮观艳丽，更有一种野性的美。如今，许多莲花盛开的地方已被开发成景点，供游人观赏。

莲

莲

阴行草

- 拉丁名：*Siphonostegia chinensis*
- 英文名：Chinese Siphonostegia
- 俄文名：Сифоностегия китайская
- 列当科，阴行草属

听到“阴行草”这个名字，多少有点害怕。名字中的“阴”字也许会让人打寒战、感觉冰冷。很多人也并不熟悉这个名字，若说起它的另一个中药名——刘寄奴，可能就尽人皆知了。

名字虽然吓人，但阴行草的长相却有几分娇媚。它的花总是成对地长在茎的上部，黄色的唇形花冠从叶腋间生出。仔细看，上下唇的颜色并非一致，上唇是紫红色的，上面还布满密密的白色纤毛；下唇才是纯正的黄。再仔细看，会发现它的花萼筒也很长，上面还有 10 条凸出的主脉，阴行草的造型真是特别呀。

阴行草

阴行草

阴行草生长在干山坡和草地之中。我见到的阴行草也正是长在一处山的半坡上，可惜数量并不多，只有小小的几簇而已。是的，如果山坡与草地都没有了，阴行草又在何处栖身呢？我们这里能开荒的草地几乎都被开垦成农田了，若哪里还有一片开满野花的绿草地，那真是令人神往了。

田旋花

- 拉丁名：*Convolvulus arvensis*
- 英文名：Field Bindwind
- 俄文名：Вьюнок полевой
- 旋花科，旋花属

田旋花既是旋花科，又是旋花属的植物。它的外形与旋花科打碗花属的植物很像，但还是有区别的。旋花属与打碗花属都有 2 个苞片，但旋花属的苞片距离花萼较远而且较小，而打碗花属的苞片紧贴花萼而且较大。

田旋花

田旋花的花冠约 2 厘米，它的花色以淡粉色常见，花瓣中带有白色或粉色的色带，形成一个五角星的造型，而且它的花还有香味。

田旋花的花期在七八月，在路边的草地上就可以看到它们缠绕生长的姿态，而且越是阳光充足的时刻，它们的花瓣越是开展，漂亮得很呢。

林风毛菊

- 拉丁名：*Saussurea sinuata*
- 英文名：Undulateleaf Saussurea
- 俄文名：Соссюрея выемчатая
- 菊科，风毛菊属

菊科是被子植物的第一大科，在我国有 230 属，2 300 多种。从春到秋，每个月都有很多菊科植物开花。北大荒的秋季，盛开的菊科植物好像更多起来，正所谓春兰秋菊，不错的。

菊科植物的花序都是头状花序。它的头状花序的构造不外乎管状花与舌状花，有的只有管状花，有的只有舌状花，有的两者兼而有之。我们比较熟悉的菊科植物大部分是有着舌状花的，而对只有管状花的风毛菊属植物似乎还有些陌生。

北大荒的秋季盛开着的风毛菊可谓多种多样。有林风毛菊、风毛菊、美花风毛菊以及渐尖风毛菊等。

最早盛开的风毛菊属植物是林风毛菊。它的头状花序不多，常常 3 ~ 5 个，总苞片深紫色。它的叶子从上到下变化很大。茎上部的叶子细长如线，到了中下部，叶子逐渐增大并有了波状分裂，裂片宽尖角状，最底部的叶子则是心形的了。

林风毛菊

风毛菊

风毛菊

风毛菊，又称日本风毛菊。它的植株高大，有时能达到近 2 米的高度。风毛菊的叶子下部羽状深裂，到了茎上部的叶子则是披针形的，边缘整齐而不分裂了。它的头状花序数量多，排列成密伞房状。另外，它的总苞片前端有扁圆形的粉红色附属物，所谓附属物又称附属体或附属器，是指正常器官以外的附加部分，并作各种特化，菊科植物的总苞片有时会有这种附属器官。

美花风毛菊

到了九月，美花风毛菊和渐尖风毛菊就盛开了。美花风毛菊确实非常漂亮，在风毛菊属里的颜值是最高的。它的个子高挑，叶子也是细细长长的，上部全缘，中下部几乎全裂，裂片也是细长的。美花风毛菊最漂亮的地方是它的总苞片外有粉红色的膜质附属物。至于渐尖风毛菊，最有特点的是它的叶子：它茎上的叶子长成

美花风毛菊

条状披针形，先端又尖又长，全缘或锯齿不明显；叶子基部沿着茎下延形成有翅的柄，柄的基部半抱茎，很好辨识。

我们这里数量最多的就是风毛菊，它也是这几种风毛菊中比较漂亮的。每年秋季，在兴凯湖湖岗的道路旁，一丛丛的风毛菊就迎着秋风盛开。风毛菊的花除紫色之外，还有白色的，两种颜色的风毛菊相互映衬，真是完美啊。

渐尖风毛菊

败 酱

- 拉丁名：*Patrinia scabiosifolia*
- 英文名：Dahurian Patrinia
- 俄文名：Патриния скабиозолистная
- 忍冬科，败酱属

八月的天空，阳光明媚而灿烂。开着黄花的败酱沐浴着暖阳，尤其夺目。

败酱的花细小琐碎，并不好看，但那大大的伞房花序占据了败酱的三分之二，加之它高大的身躯，总能成功地吸引我的眼球。它对生的叶子有些像缬草，越到上部就变得越小，仿佛被忽略掉了。

败酱　　岩败酱

岩败酱

败酱是败酱属里最常见的植物，其他常见的还有一种岩败酱。岩败酱的株高只有 20 ~ 30 厘米，叶子羽裂较深，茎通常丛生，花冠比败酱大两倍。岩败酱耐干旱，常常生长在干燥山坡的岩石旁，所以有了岩败酱这样一个名字。

蛇 床

- **拉丁名**：*Cnidium monnieri*
- **英文名**：Common Cnidium
- **俄文名**：Жгун-корень Монье
- **伞形科，蛇床属**

小时候，路旁的野地遍生蛇床。上下学的时候，边走边用手撸拽着路边的野草，常被拽到的就是蛇床。

蛇床的植株并不高，只有 50 厘米左右，它的分枝较多，经常斜着向上长，感觉总是很柔弱的样子。蛇床的叶子 2 ～ 3 回羽状全裂，分裂较深。小伞形花序顶着 20 朵左右的白色小花，整个伞辐宽度只有 1 厘米左右。蛇床伞状小白花并不好看，但每当看到它就想起了童年的时光，它散发出来的独特味道至今还在脑海里。

看起来柔弱的蛇床，却是有名的中药。蛇床的果实——蛇床子，可以止痒及治疗蝮蛇咬伤。

蛇床

女菀

- 拉丁名：*Turczaninovia fastigiata*
- 英文名：Common Turczaninowia
- 俄文名：Турчаниновия верхушечная
- 菊科，女菀属

女菀，一个婉约的名字，送给了一朵花，从此在我的眼里，女菀也变得娇羞起来。

女菀是菊科女菀属植物里唯一的一种植物。女菀花的花冠，直径不超过1厘米，它们10余朵或20余朵紧凑在一起形成团状，不分你我，远看还以为是一大朵呢。女菀的舌状花白色，中心的管状花黄色，两色相衬的女菀花看起来更加清雅了。我曾摘下一朵来闻它的香味，也许香气过于浓烈了，我竟然觉得有些发臭，不经意间被它熏到了。

女菀广泛分布于东北各地及全国大部分省。在山坡、草地、公路旁都很容易见到。

女菀

刺儿菜

- 拉丁名：*Cirsium setosum*
- 英文名：Setose Thistle
- 俄文名：Бодяк щетинистый
- 菊科，蓟属

刺儿菜

刺儿菜应该是我们最熟悉的蓟属植物吧，田间、地头、路旁，我们的身边到处是它的影子。八月，刺儿菜就开满了紫色的花，它的花全部都是管状花，也还好看。

我关注刺儿菜，是从五月就开始的。因为刺儿菜是一种可以食用的野菜，味道鲜美。五月初，刺儿菜初长，它的叶子青嫩，采起来并不扎手。采回家后先用清水把它焯煮一下，拌凉菜或炒菜吃都很美味，它只有一种清香的味道，没有什么特殊的对某些人来说不能接受的怪味。刺儿菜可食用的天数很短，它生长迅速，等到稍微大一些的时候，它的叶缘的针刺就开始扎人，无法采食，而且味道也不鲜嫩了。

除了可以食用，刺儿菜还有止血消肿的功效。老百姓野外干活时不小心用刀割伤手脚，就马上采一把刺儿菜弄碎糊在伤口上，很管用。

聚花风铃草

- 拉丁名：*Campanula glomerata* subsp. *speciosa*
- 英文名：Capitate Bellflower
- 俄文名：Колокольчик скученный
- 桔梗科，风铃草属

八月初是北大荒最热的日子。这个时候，我们在林畔草间会遇到有一种开着紫色铃铛一样的花，与紫斑风铃草不同的是，它的铃铛总是朝上，它的株高有1米左右，总能自野草中突兀出来，开出大朵大朵紫色的花团，它就是聚花风铃草。

聚花风铃草

聚花风铃草

我一望见它，就有一种说不出的喜悦。它那高大的身躯，纷繁的花朵，总让我觉得平静、安详而充满力量。我的园子里也应该栽上几棵聚花风铃草，我更愿意让它的美时时刻刻展现在我的面前，我又计划着培育它们了。

雨久花

- 拉丁名：*Monochoria korsakowii*
- 英文名：Korsakow Monolophus
- 俄文名：Монохория Корсакова
- 雨久花科，雨久花属

生长在乌苏里江流域的人，大概没有不喜欢雨久花的，它紫色的浪漫早已征服了许多爱花的人。

雨久花

雨久花科的雨久花是水生草本植物，株高 20 ～ 40 厘米。圆锥形的花序从叶中伸出来，远远的高过叶，使雨久花浪漫的蓝紫色花串不被遮挡。每朵雨久花有 6 枚花被片，3 枚卵圆形，3 枚椭圆形，穿插排成 2 轮，简单而明快。除此之外，雨久花还有着浪漫的心形叶片，长度 5 ～ 10 厘米，与人们相互表达爱心的图案惊人地相似。雨久花喜欢成片生长，花开时节，满片水塘都弥漫着云烟般的紫色，梦幻而甜美。

雨久花

雨久花喜欢生长在池塘及稻田里，种稻的农民把它叫作驴耳菜，作为一种稻田杂草来铲除。不知这样优雅浪漫的雨久花在自然界里还有多少空地可以让它们栖息，希望来年还能见到雨久花的海洋！

野大豆

- 拉丁名：*Glycine soja*
- 英文名：Wild Groundnut
- 俄文名：Соя обыкновенная
- 豆科，大豆属

黑龙江是大豆（通称黄豆）的主产区。这里不仅有大豆这样被广泛栽培的品种，在野外还生长着一种野大豆。

野大豆与大豆都是豆科大豆属的成员。大豆茎是直立的，野大豆的茎却是爬蔓的，缠绕在其他植物之上。

野大豆

与大豆相比，它的三小叶比大豆小了不少，枝茎也比大豆纤细，同样在上面长满了褐色的长毛。野大豆的蝶形花很微小，紫色的旗瓣与白色的翼瓣搭配起来，也很可爱。

如今，回归自然，追求真本，已经成为一种时尚。野大豆也因此得到很多人的青睐，到它成熟的时候，人们把它弄回家做成饭桌上的佳肴。在他们的眼里，野大豆也是宝贝呢。

野亚麻

- 拉丁名：*Linum stelleroides*
- 英文名：Wild Flax
- 俄文名：Лён стеллеровидный
- 亚麻科，亚麻属

我在八月初去寻找蓝盆花的时候，在草地里还看见一种开着蓝色小花的植物。它的叶子纤细如柳，只在茎的上部分枝，蓝色小花就生长在茎的顶端，这种植物就是野亚麻。

野亚麻

野亚麻的 5 枚花瓣圆卵形，就是我们小时候拿起画笔勾画的最简单的小花的样子。如果再次拿起画笔，我还会在这圆卵形的花瓣上画上指向花心的纹路，或许还会再画上黄色的花心和蓝色的花药。

野亚麻的小花虽然微小，但却很细致。这些小花散布在草丛当中，忽隐忽现。我喜欢草地的原因可能就是这些小花吧，在我心里它们就是草地里的精灵，它们才是这片草地真正的主人。

野亚麻

毒芹

- 拉丁名：*Cicuta virosa*
- 英文名：European Waterhemlock
- 俄文名：Вех ядовитый
- 伞形科，毒芹属

当荷花的馨香随风飘过的时候，我在荷塘边上还见到一种开着白花的伞形科植物，没想到它是一种有毒的植物，名叫毒芹。

毒芹的叶子羽状分裂，边缘有较尖的锯齿。它的茎粗壮，常常带有淡紫色的条纹。这样粗壮的茎却是中空的，我猜是它适应水体环境，快速传递水分的需要吧。毒芹有 30 个左右的小伞花序，盛开的时候，白色的花瓣组成了一个个白色的小圆球。

北大荒还有一种可以食用的水芹，它的叶片比毒芹宽大，小伞花序比毒芹少，盛开的时候，白色的花瓣形成一个平面，不像毒芹那样组成球状。水芹作为野菜，有降低血压的功效，我们这里很多人采来食用。不过，一定要认识水芹，确定无误后再去采食它，否则吃到毒芹就麻烦了。

毒芹

小白花地榆

- 拉丁名：*Sanguisorba tenuifolia* var. *alba*
- 英文名：Whiteflower Siberian
- 俄文名：Кровохлёбка мелкоцветковая
- 蔷薇科，地榆属

夏季的草原，我们时常能看到一种开着白花的、穗状花序的植物，它身形高大，常常长到 1 米多高，这就是小白花地榆。

尽管从外表上很难判断它是蔷薇科的植物，但小白花地榆的确就是蔷薇科地榆属植物。小白花地榆能在湿草甸里生长，所以我们不仅能在林缘地带见到它，湿草地或水甸子里也会见到它的踪影。

北大荒的田野上还生长着一种我们熟悉的地榆属植物，它就是地榆的本种，它还有一个我们都熟悉的俗名——“黄瓜香”。早春，我们在田野上遇到它时就会把它采下来，放在手里揉搓，它的叶子揉搓之后会有一种类似黄瓜的清香味道，“黄瓜香”的名字也正来源于此。

小白花地榆

地榆

小时候，我只是认识地榆的叶子，从没有想过它长大后的样子，直到现在我开始关注这些植物的一生，很想知道它们开花结果的样子。当我在八月真正看到地榆的花朵时，还是被它惊讶到了。我没有想到它的花序竟然有指尖粗细，像一个卵圆形的小球，胖乎乎的。有时候这些圆形的小球变得像圆柱形的蒲棒一样，它们是地榆的变种，细叶地榆或者花蕊更长的长蕊地榆。

我的二姐惠玲第一次见到它时就对它夸奖不断，说它的花做插花一定很好看。我没有亲眼见过这个开红花的地榆在园艺上的应用，但姐姐说得没错，日本就有一种矮化的地榆，高度 30 余厘米，做成盆栽销售或用作茶会插花。至于我见到的东北

地榆

细叶地榆

土生土长的地榆，在不久的将来也一定会用到园艺上来。我已经采集了它的种子，准备来年繁殖驯化它。

狭叶荨麻

- 拉丁名：*Urtica angustifolia*
- 英文名：Narrowleaf Nettle
- 俄文名：Крапива узколистная
- 荨麻科，荨麻属

提起狭叶荨麻，可能仅从名字来说，我们很难知道它是哪种植物。但当我说到它就像“毛毛虫”一样蜇人，你可能马上就知道它是哪种植物了。在民间，老百姓把它叫作“蜇麻子”。私下里，我把荨麻叫作“植物界里的毛毛虫”，真是一种让我欢喜让我忧的植物。

狭叶荨麻

狭叶荨麻在东北很常见。它的叶子比柳叶稍宽，但比起其他种类的荨麻都细，所以有了狭叶荨麻这个名字。狭叶荨麻的花朵实在微小，也并不好看。我们可能很少有人去观察它，只记得它的花序枝从叶子下面垂成串的样子。我们对它印象最深的恐怕还是它能螫人的记忆。我有一回被它螫到，疼了几个小时，那种疼痛感比被毛毛虫螫到还要厉害。

狭叶荨麻在刚长出幼嫩的叶子的时候，还是很可人的。这个时候，把它采回家去做汤或做包饺子的菜馅，味道鲜香，而且食用它还有消食通便的功效。

荨麻不仅为我们人类食用或药用，它也是荨麻蛱蝶的寄主，是荨麻蛱蝶以及孔雀蝶幼虫的主要食物来源，可惜我没见到有毛毛虫啃食它，我观察得还是太少了。

山梗菜

- 拉丁名：*Lobelia sessilifolia*
- 英文名：Sessile Lobelia
- 俄文名：Лобелия сидячелистная
- 桔梗科，半边莲属

在我心里，山梗菜就是站在草丛中亭亭玉立的美女。不知道会有怎样的心意，才能长出那样笔直的茎干，那样姿态优雅的花朵。

每年八月我都会去野外寻找山梗菜，我真是太喜欢它了，总是怕错过它的花期，直到见到它的那一刻，我的心境才会平和，好像刚刚完成了一件拖了很久才完成的

山梗菜

任务，一种如释重负后的喜悦。

山梗菜喜欢湿润的环境，喜欢生长在靠近湿草甸或者沼泽的边缘。我找到它时，它就站在水洼地旁边。山梗菜的花我们通常称为唇形，在我看来，它更像张开双臂舞动长裙的芭蕾舞演员，风姿绰约。

名曰山梗菜，但它更是一种观赏植物，它的高度很适合用作花境，不知它是否已经在园林上有所应用，我想象着它花开的样子，就觉得已经很美了。

山梗菜

荇菜

- 拉丁名：*Nymphoides peltata*
- 英文名：Shield Floatingheart
- 俄文名：Болотноцветник щитолистный
- 睡菜科，荇菜属

荇菜可谓有记载的古老植物。诗经中“参差荇菜，左右流之。窈窕淑女，寤寐求之”提到的荇菜，就是现今大家见到的这个荇菜。

荇菜的花极具观赏性：它有5个鲜黄色的花瓣，每个花瓣都由两部分组成，中间的部分如细细的柳叶，柳叶两侧则像两个橘子瓣。这两个橘瓣绝不普通，像被人精挑细选的细软绸缎并特意压成皱褶，皱褶的边缘恰好似绸缎做成的细碎流苏，精致无比。荇菜的叶子近圆形，叶面光滑，平整地铺在水面上，花朵挺出水面，像俏皮的孩子探出头来四处查看周围的动静。

荇菜

荇菜

八月荇菜花开的时候，水面上像撒了一层金子，黄灿灿的。而更吸引我的，是那绸缎做成的流苏花边。当你停下脚步欣赏的时候，也别忘了看一看。

长萼鸡眼草

- 拉丁名：*Kummerowia stipulacea*
- 英文名：Longcalyx Kummerowia
- 俄文名：Куммеровия прилистниковая
- 豆科，鸡眼草属

大概是它的蝶形花冠吧，上面旗瓣的形状圆圆的，常使我联想起它的名字——长萼鸡眼草中的“鸡眼”二字。

一次我在观察长萼鸡眼草照片时，看着看着竟把它当作了某种胡枝子。它们的花瓣很像，并且叶子的形状也很相似。虽然长萼鸡眼草是草本植物，胡枝子是灌木，两者大相径庭，但据专家说它们的确有较近的亲缘关系。

有时候我却偏爱这些看起来更微小的植物，每次观察它们都会有新的发现。长萼鸡眼草的株高只有 20 厘米左右，我仔细看它时，发现它的倒卵形叶子真是美。它的脉纹漂亮得出奇：从中脉起分别向两侧划出若干个近似平行线的侧脉，像是刻刀在叶子上专门刻出来似的，脉线浅绿而泛白，笔直到达边缘。我不善于绘画，但此刻我竟有在纸上跃跃欲试的冲动。

长萼鸡眼草不仅是一种美丽的小草，它还是优良的牧草。野外放牛人，应该知道把它们的牛群驱赶到长萼鸡眼草生长的地方，那是它们的美味。

长萼鸡眼草

鸭跖草

- 拉丁名：*Commelina communis*
- 英文名：Common Dayflower
- 俄文名：Коммелина обыкновенная
- 鸭跖草科，鸭跖草属

在玉米地或者菜地的边缘，经常会看到开着蓝花的鸭跖草，它们在那里悠闲地生长着。我们虽然都见过它的蓝色小花，却很少有人仔细地观察过它，包括我自己在内，若不是想把它的模样写下来，也不会这样细心观察的。

鸭跖草的特别之处是它有个与叶对生的总苞片，总苞片对折把鸭跖草花的一部分花序包裹在内，但每棵鸭跖草总有一枝花序伸出总苞片外，那就是我们见到的蓝色小花。再仔细看它的构造，外层下面有3枚透明的小花瓣，里面这层也有3枚花瓣。我们看见的像两只耳朵一样立起来的大而圆的蓝色花瓣，就是在它的内层。

鸭跖草

鸭跖草

除了常见的蓝色花之外，鸭跖草还有一种罕见的白色花，不过开白色花的鸭跖草的花瓣较小，远没有普通开蓝花的鸭跖草的花瓣那样鲜亮。

葎 草

- 拉丁名：*Humulus scandens*
- 英文名：Japanese Hop
- 俄文名：Хмелевик лазающий
- 大麻科，葎草属

在我们的身边常常会见到这样一种植物：它有着宽大掌状的叶子，缠绕的茎总能把它身旁的某些植物缠住。整个植物生长季节，我们都能看到它的叶子以及缠绕的状态，至于开什么样的花却印象模糊，这个让我们不太了解却又感觉无处不在的缠绕植物就是葎草。

葎草是大麻科植物，它的茎干、叶柄上长有倒刺，所以很少有人会去拨弄它，我也对它敬而远之，即使去记录拍摄也是拍完即走，从不停留。还好，我终于见到

葎草

葎草

它的花了。原来，葎草是单性花，雌花和雄花是不一样的：雄花的花序圆锥形，黄绿色，比较小，所以我们看不清楚；雌花的花序球果形，外面布满了白色的绒毛，而且它的直径仅有半厘米左右，也还是不能引起我们的注意，难怪我们总不记得它开花的样子。

我最近几年常去俄罗斯，在商店里看到了很多以葎草为原料的日化产品，我还买过一瓶葎草洗发液，用起来很不错，我至今还记得在洗发液包装上葎草的图片，没想到这无处不在的葎草还有这么多用处。我对葎草的好奇心与日俱增，我查阅了有关葎草的资料：它的繁殖能力超强，在植物界里有把它作为先锋植物来利用的。除了防治水土流失的功能之外，葎草还能作为饲草，而且它也是中草药，入药可清热解毒、利水消肿。葎草的种子油也可制造肥皂，俄罗斯在洗护产品中以葎草作为原料就是看中了它的这些功能，用作洗发液的效果真的很不错。

野西瓜苗

- 拉丁名：*Hibiscus trionum*
- 英文名：Flower of an Hour
- 俄文名：Гибискус тройчатый
- 锦葵科，木槿属

野西瓜苗这个被农民视为杂草的植物，在我的眼里却别有一番情致。野西瓜苗的名字也真是恰如其分，它长着像西瓜一样的叶子，非常好记。

野西瓜苗

野西瓜苗

野西瓜苗是锦葵科木槿属的成员，木槿属的多数种类都有着大而美丽的花朵，比如常见的木槿、朱槿等。野西瓜苗的花也同样有着木槿属植物漂亮的花冠，只可惜它的花太小了，只有 2 厘米左右。虽然花冠小了一些，但野西瓜苗的花还是那样雅致：先看那白色或淡黄色的 5 枚花瓣，每个花瓣都从中心向上形成一条条脉纹，到花瓣顶部自然消失。更好看的是花瓣的里面又形成了深紫色的花心，在花的最中间，黄色的花药凸显出来，这样富于变幻的色彩，大概就是野西瓜苗的迷人之处吧。

野西瓜苗还有一个让我着迷的地方，那就是它的花萼。在经历了整个八月的花季，到九月开始，野西瓜苗的花就开始结籽了，这个时候便可以看到它漂亮的花萼。它的花萼毛嘟嘟的，整体上看是半透明的浅绿色，隐约能看到里面黑色的蒴果。更奇妙的是，整个花萼的纵向有着与西瓜皮上同样的纹饰，只不过这个纹饰是深紫色的，到了花萼顶部的闭合之处，又分别长出了5个深红色翼状物，很像小时候妈妈买的点心上有意包装的红色装饰纸。

迷恋于它漂亮的花冠和花萼，我一度还想把它培育成园艺品种。采来种子种植后发现，它长得太高了，它的花冠就显得更小了，比较其他木槿属的园艺品种，观赏性确实差了许多。虽然不能作为观赏用的园艺品种，野西瓜苗还有其他的用途。它的全草可用来治疗烧烫伤，属于草药的一种，只是少有人知道它的这个用处了。

翅果菊

- 拉丁名：*Lactuca indica*
- 英文名：India Lettuce
- 俄文名：*Латук индийский*
- 菊科，莴苣属

在秋季的草地或林地边缘，常能看见高大的开着淡黄色小菊花似的植物，它的叶子上部全缘，中下部有稀疏的大锯齿——它就是菊科莴苣属的翅果菊。

翅果菊的植株通常都在1米以上，很是显眼。它的叶片上下差别很大，茎下部的叶子边缘变成了似三角形的锯齿，与上部全缘不同。翅果菊的花并不大，植物志上记载它的舌状小花有21枚，我数了几朵，还真是21枚居多。

翅果菊

线叶十字兰

- 拉丁名：*Habenaria linearifolia*
- 英文名：Arrowshaped Habenaria
- 俄文名：Поводник линейнолистный
- 兰科，玉凤花属

十字兰——好形象的名字啊，它的花瓣生得太有趣了。整体看它的花瓣是白色的，唇瓣却是绿色的，而且是十字形的，像一个十字架，又像一副挂在上面的弓箭。

见过十字兰的人应该不是很多。十字兰长在湿草甸子里，而且是有明水的那种，不穿雨鞋是进不去的，有时靴筒还得高一点的才行。一般人没有准备，是不会贸然走进这样的湿草甸里，所以很难见到它。

线叶十字兰

十字兰的花期在八月，此时草甸里还盛开着粉色的千屈菜和黄色的旋覆花，千屈菜和旋覆花在远处就能看见，而十字兰因为花序比较小，在远处是看不到的。

每年八月，当我看到开满千屈菜和旋覆花的湿草甸时，我都会想，十字兰还在里面呢。

睡 莲

- 拉丁名：*Nymphaea tetragona*
- 英文名：Pygmy Waterlily
- 俄文名：Кувшинка четырёхгранная
- 睡莲科，睡莲属

睡莲

乌苏里江流域分布着一种野生的睡莲属植物，它就是睡莲。

睡莲的花并不大，直径通常只有 3 ~ 5 厘米。睡莲的花瓣雪白，不掺半点杂色，就像婚礼时新娘所穿的洁白婚纱。我钟爱睡莲花，虽然它的花比不上荷花的硕大与艳丽，但那清纯的色彩以及在水面上漂浮着的姿态，总是那么优雅。

睡莲的花期大致与荷花相同，它对生长环境的要求也不高，只要日照充足，静水的溪流、路边的沟渠、浅水的湖泊都可以寻觅到它的踪迹。

每年八月初，我都期待着与睡莲相逢。那一刻，就像诗人所描绘的那样，一种清芬，一种婉约，划向你，划向我。我的记忆里，恐怕再也没有比这小小睡莲更冰清玉洁的花了。

吉林乌头

- 拉丁名：*Aconitum kirinense*
- 英文名：Kirin Mookshood
- 俄文名：Борец гиринский
- 毛茛科，乌头属

夏末秋初，草原上并不寂寞。有些花已经过了花期，开始结籽了，有些花却正当季。在这此起彼伏的花海里，有一种花显得很特别，它的花瓣像一个戴着头盔的人脸，这种花就是乌头。像乌头这样两侧对称的花，其顶端的一个花瓣呈盔状，被称为盔瓣。识别不同种的乌头，这种盔瓣是重要的识别特征之一。

吉林乌头

黄花乌头

从植物分类的角度，乌头是毛茛科乌头属的成员。它们好像就是喜欢夏秋交替的季节，几乎全部在八九月开放。从颜色上看，大致分为黄色和紫色两种。

开黄花的乌头有吉林乌头和黄花乌头，它们两个都很有特点。先说吉林乌头，如果你在林中看见长着巨大的如某种乌头叶子的植物，那几乎就是吉林乌头了。吉

蔓乌头

林乌头基部的叶子特别的大，足有 30 厘米以上，而且叶子上的每个裂片都比较大。别看吉林乌头叶子大，它的花却不大，盔瓣长筒状，不到 2 厘米；黄花乌头的叶子比吉林乌头小得多，最多不到 10 厘米，而且它的叶子之间分裂小，细小到线条般。黄花乌头的花却很大，它的盔瓣像一个倒扣着的小船，将近 3 厘米。

开紫色花的有蔓乌头、宽叶蔓乌头、薄叶乌头、北乌头及细叶乌头。

蔓乌头的蔓弯来绕去，长度有几米长，它的叶子裂片较窄，与宽叶蔓乌头相区别。

宽叶蔓乌头

薄叶乌头的花比其他乌头的花都大，它的叶子掌状，有 3 ~ 5 深裂，有时茎呈“之”字形弯曲，茎节上有粗大的疣。

北乌头的花比起薄叶乌头就小得多，它的叶子有 3 深裂，每个裂片都比较细长，彼此分离较大。北乌头是最常见的一种乌头，又称草乌，在路旁、林缘及阔叶林中都有分布。

至于细叶乌头则更好辨识，因为它的叶子比其他乌头真是细了很多。

乌头的根块入药，中药名称为“附子”，毒性很强，必须经过专门炮制，方可入药。有附子成分的中药一般也不建议自己在家熬制，最好到专门的中药店熬制。

薄叶乌头

北乌头

细叶乌头

欧 菱

- 拉丁名：*Trapa natans*
- 英文名：European Waterchestnut
- 俄文名：Рогульник плавающий
- 千屈菜科，菱属

提起菱角，熟悉它的人很多。大家都记得那浮在水面上的菱角秧子以及它结出菱角的样子。如果我再问一句，你还记得它开花的样子吗？它的花是黄色的还是白色的？你的回答就不一定了。

在没有研究植物之前，我对菱角何时开花以及开什么颜色的花之类的问题，也是模棱两可。直到我真正想要了解它时，才会更认真细致地观察它。我也真是庆幸如今自己这样迷恋植物，观察植物让我走上了发现之旅。大自然总是给我太多的惊喜，让我每次户外都有收获，我的生活也因此变得更加有趣了。

欧菱

言归正传，还是再说说菱吧。欧菱的叶有两种形态，沉水叶对生，像须根；浮水叶轮生，叶片呈菱状三角形，排列起来圈圈相套，如扁平的莲座。每年八月，是欧菱的花季。欧菱的白色小花，并不明显，观赏价值不大，但夏末秋初的时候，欧菱原来绿色的叶子慢慢变成深浅不一的枣红色。有些更是红绿相间，把蔚蓝的河水点缀得五彩斑驳，真没想到欧菱的叶子竟那么富有诗意。

欧菱看起来毫不起眼，但对乌苏里江边长大的人却倍感亲切，它承载了太多童年的记忆：在浅浅的小溪边，几个小伙伴彼此手拉手，最前面的那个努力地把小手伸向水里的菱角，只要够得着，摸出几个菱角没问题。摸到之后也只能眼巴巴地看着，因为它坚硬的果壳很难被剥开，又有四个尖尖的刺角，带回家也不是一件容易的事。小孩子心境纯朴，快乐的心情不会因此受到损伤，摸到菱角本身就是件快乐的事，谁还管能不能剥开它呢……

苍术

- 拉丁名：*Atractylodes lancea*
- 英文名：Japanese Atractylodes
- 俄文名：Атрактилодес японский
- 菊科，苍术属

苍术

植物生长的季节，草地里的植物种类远远超过我们的想象。在这个天气已经微凉的八月，草地上仍然有许多植物开着大朵或小朵的花。有些植物不仅有观赏价值，而且还有更大的药用价值，苍术便是这样一种植物。

苍术的茎高50厘米左右，中下部的叶子羽状裂开，叶子周围的毛刺较长，形成针刺。

苍术

苍术的花以白色及黄色居多。它的花也很漂亮，丝丝条条的花瓣组成了一个小菊花，它的苞片形状也很有趣。最外层的总苞片的颜色近茶褐色，像枯干后的颜色，日本植物学家柳宗民把它比喻为交错的鱼骨头，还真是神似呢。

苍术药用的部分主要是它的根，称为白术。归脾、胃、肝经，有祛风湿、明目的作用。

我在秋日里看到苍术，总有一丝温暖的感觉。它不是我们随便想除掉的杂草，它是对我们有益的中草药，我见到它就好像见到了人群中的才子佳人，对它们既羡慕又崇拜，愿大自然永远有它们的一席之地。

腺梗豨莶

- 拉丁名：*Sigesbeckia pubescens*
- 英文名：Glandularstalk St. Paulswort
- 俄文名：Сигезбекия пушистая
- 菊科，豨莶属

腺梗豨莶是很常见的杂草之一。我初见它的叶子，觉得与向日葵的叶子很像，只是它比向日葵矮小了许多。凑巧的是，它也是菊科的植物，而且也开黄色的花。

腺梗豨莶有一种变型，叫无腺腺梗豨莶，因为在腺梗豨莶的花梗上长着带柄的似小水珠状的腺毛，而无腺腺梗豨莶没有。腺梗豨莶也叫毛豨莶，它的全身都有白色的长毛，看起来很可爱。

妈妈曾对我说：不论哪一种植物，在我的眼里都是漂亮的。是啊，我确实钟情于每一种植物，不论它们开花大小。常常在别人眼里的杂草，在我眼里都是温情的。存在即是合理，我想它们一定有它们存在的理由。看似一株株无用的杂草，其实都有它们的用处，只是我们对它们了解太少，还不知怎样利用它们吧。

腺梗豨莶

益母草

- 拉丁名：*Leonurus japonicus*
- 英文名：Japanese Motherwort
- 俄文名：Пустырник японский
- 唇形科，益母草属

我家的花园里长出了一棵益母草，它长得那样茁壮，像是我精心栽培的，我毫不犹豫地把它留了下来，任它随意生长。

益母草是个广布种，全国各地都有。它株高 80 厘米左右，在向阳且土壤条件好的地方能长到 1 米以上。它的茎四棱形而且有槽口，在茎的上方常常分枝，所以益母草看起来也高高大大、宽宽阔阔的。

益母草的花是紫红色的，一圈圈长在茎的周围，花虽然有些小，但很精致。

益母草可不是一株无用的杂草，大家都知道它是一味很好的草药。益母草不仅

益母草

在治疗妇科疾病上有疗效，而且可以治疗肾炎水肿、牙龈肿痛等。嫩苗时食用，还有补血的功能。

益母草还有一种白花的变型，不过白花益母草很少见。我希望我的花园里再有一棵白花益母草，长在红花的益母草旁边，那样的话，一定会很好看吧。

两型豆

- 拉丁名：*Amphicarpaea edgeworthii*
- 英文名：Egeworth Amphicarpaea
- 俄文名：Амфикарпея японская
- 豆科，两型豆属

两型豆

野生的豆科缠绕植物，除了野大豆之外，常见的还有一种两型豆属的植物——两型豆。

两型豆的叶子和野大豆相比圆了许多。它的蝶形花冠是白色或淡紫色。它的花有两种形态：开在植株上部是正常的花，通常有 2 ~ 7 朵花，生于下部的为闭锁花，没有花瓣。两型豆的果实也是两种形态。正常花结的荚果呈长圆形，闭锁花结的荚果似椭圆形或球形。

我见到过有人采集野大豆来食用，不知两型豆有没有被人采回家食用。如果我能赶上它结满果实的时候，我一定采一点回家。不知何时可以采到它，但我现在想想采集的情景，就已经很兴奋了。

山罗花

- 拉丁名：*Melampyrum roseum*
- 英文名：Rose Cowwheat
- 俄文名：Марьянник розовый
- 列当科，山萝花属

在黑龙江省东南部有一个著名的湖泊，叫兴凯湖。夏季来临时，炽热的阳光把湖水也晒得暖起来。人们纷纷来到湖边游泳，在沙滩上嬉戏。更难得的是，在湖岸边上还有成片的森林，森林里开着各式的小花。

有在树林里纳凉的朋友，可能会发现，在自己的周围还开着成片成片的粉色小花，好浪漫啊！这些粉色的小花就是可爱的山罗花。

山罗花株高 30 厘米左右，叶片披针形但有些圆。山罗花在地上群聚生长，像是为大地披上一层厚厚的粉色绒毯。我曾经见到过一大片正在盛开的山罗花，铺满了半个山坡，壮观得超乎我们的想象，我只能惊叹大自然的神奇了。

山罗花

山罗花

狭叶山罗花

细心的人还会发现，山罗花还有另外一种，叶子有些细长，是条状披针形，我们把它叫作狭叶山罗花。它与山罗花的明显区别，除了叶子之外，还有苞片的颜色。

山罗花的苞片是绿色的，狭叶山罗花的苞片大都是紫红色的。

每当我看见这些可爱的山罗花，我都在想，能不能把它培育成园林品种，让更多的人欣赏到它？是不是已经有了与我同样想法的人这样做了呢……

狭叶山罗花

露珠草

- 拉丁名：*Circaea cordata*
- 英文名：Cordate Circaea
- 俄文名：Двулепестник сердцелистный
- 柳叶菜科，露珠草属

每次到户外观察植物，我都能发现很多我从前没有见到过的东西，总会有新的收获。七八月间，我在北大荒的山林中又发现了一种从前没有留意到的植物——露珠草。

从植物分类学上，露珠草是柳叶菜科露珠草属植物。露珠草属植物里最常见的就是露珠草与水珠草两种。

露珠草与水珠草虽然很像，但它们还是有明显区别的。露珠草的叶子是卵形的，而水珠草的叶子是狭长的卵形；露珠草的花瓣是白色的，而水珠草的花瓣是淡粉

露珠草

露珠草

水珠草

色的；从萼片的颜色也能把它们区别出来，露珠草的萼片是绿色的，水珠草的萼片却是紫红色的。

露珠草与水珠草的花期一致，从七月到九月都能见到它们开花。如果你观察得再仔细些，还能发现它们的花瓣前面有个较大的缺口。当然，最吸引人的还是它们的果实。它们的果实球形，上面布满了白色的钩毛，就像一粒粒小小的露珠，把它们叫露珠草或水珠草还真是形象呢。

绶 草

- 拉丁名：*Spiranthes sinensis*
- 英文名：Chinese Ladiestresses
- 俄文名：Скрученник китайский
- 兰科，绶草属

我第一次看见绶草，是在四川九寨沟，一直以为北大荒没有绶草，直到 2013 年 8 月我在农垦牡丹江管理局北山的将军峰下进行植物资源调查时，才发现了它。

随着对绶草的发现，我对它的了解也多起来。绶草，又名盘龙参，古称“鷊”，是一种古老的植物。早在《诗经》里就有所记载，1847 年出版的日本江户时代学者細井徇编纂的《诗经名物图解》绘本中，也精美地描绘了名为“旨鷊”的绶草形象。从植物分类学上，绶草是兰科家族绶草属的成员，开粉色及白色的小花，其花序形同绶带，因此被称为绶草。

绶草喜欢生长在潮湿的地方，又比较喜光，所以常常生长在林缘或略湿的草甸。由于对生长环境的要求特殊，绶草的数量越来越少，已被列入《濒危野生动植物物种国际贸易公约》（CITES）的附录Ⅱ及中国《国家重点保护野生植物名录（第二批）》中，为Ⅱ级保护植物。

绶草是个广布种，在全国各地都有。它的花期很短，只有 10 天左右，稍不留意，花期就过了。绶草的高度只有 10 ～ 30 厘米，当粉色的小花凋零的时候，它就是一株普通的小草了，混在其他杂草之间，很难被找到了。

绶草

绶草

二叶兜被兰

- 拉丁名：*Neottianthe cucullata*
- 英文名：Twoleaf Hoodshaped Orchid
- 俄文名：Гнездоцветка клобучковая
- 兰科，兜背兰属

长白山脉向北绵延，支脉达黑龙江省东部，形成了黑龙江省东部一系列山地——完达山。完达山蕴藏着丰富的植物资源，其中不乏珍稀濒危的兰科植物。从六月开花的春兰、杓兰、蜻蜓兰，到七月开花的火烧兰以及八月开花的二叶兜被兰都有分布。

二叶兜被兰的基部有2枚近对生的叶子，它的萼片彼此紧密合成兜状，所以称为二叶兜被兰。二叶兜被兰的花虽然小，但花色艳丽，造型别致。它的唇瓣上的紫色斑点，以及唇瓣自然形成的三裂，看起来就像一个俏皮的小人，可爱极了。

二叶兜被兰

兰科植物对生存环境的要求还是很高的，所以存量稀少。看到兰科植物的人一定是经常行走在自然当中喜爱大自然的人。如果你也喜欢大自然，你也喜欢二叶兜被兰，那么就在八月来北大荒吧，到完达山脉来吧，二叶兜被兰正在林中默默地等着你的到来。

去年夏天，我在一个中药基地里，发现了一大片苘麻。原来种植的药材没有长出来，却长出了大片的苘麻，它的繁殖能力真是无与伦比啊。

苘麻

其实，锦葵科的苘麻也是一种中草药。在路旁、田野以及荒地都能够发现它。它的叶子像向日葵的叶子，不过小了许多，整个植株布满白色的细柔毛。比起它的叶子来，它的橘黄色小花实在有些小。5 枚花瓣彼此分离，有些花瓣顶端微凹，也很可爱。苘麻的蒴果造型特别，形状有些似莲蓬，令人印象颇深。

作为中草药的苘麻，它的种子入药，叫作“冬葵子”，可以通乳汁，治疗乳腺疾病。另外，苘麻茎的表皮也可用做编织麻袋、制造绳索等，用处多多。我不知道苘麻现今是否还被商家利用，真的想看看有关这方面的报道。只可惜，至今没有见到，也可能是我孤陋寡闻了。

日本毛连菜

- 拉丁名：*Picris japonica*
- 英文名：Japanese Oxtongue
- 俄文名：Горлюха даурская
- 菊科，毛连菜属

童年的时光，快乐无忧。一朵小花、一棵小草，都能被我们高兴地把玩半天。我至今还记得：有一种草的叶子长满了毛，把它采下来粘在肩膀的位置或者衣服兜上，长时间都不会掉，甚是好玩。这株给我们的童年带来欢乐的小草，就是日本毛连菜。

日本毛连菜是菊科植物，夏季七八月间，就可以见到它的淡黄色舌状小花。毛连菜的整个茎枝都带有钩状的硬毛，能勾住衣物上的纤维，所以可以轻易地粘在衣服上。

这株被我们把玩的小草，还是一种药材，具有解毒止痛的功效。日本毛连菜的名字当中含有“菜”字，它的确也是一种可食的野菜，明朝朱橚所著《救荒本草》中对毛连菜的食用已有记载。

日本毛连菜

我没有吃过这种菜，很想试吃一下，但不知在野外还能不能轻易地找到它。如果找到它，我还有没有童年摘下叶片粘在衣服兜上的兴致呢？我想会有的。

铁苋菜

- 拉丁名：*Acalypha australis*
- 英文名：Copperleaf
- 俄文名：Акалифа южная
- 大戟科，铁苋菜属

我们的脚边还有一种叫铁苋菜的野草。至于它为什么与“铁”扯上关系，我想是源于它坚硬的茎吧。

铁苋菜是大戟科铁苋菜属里的植物。在我眼里，它就是一株寻常的野草。它的株高有 30 厘米左右，在最顶端长出穗状的花序，花色粉红。铁苋菜的雌花和雄花并不长在一起，雄花生长在顶端长长的花穗上，雌花则在下面卵状心形的苞叶上。

铁苋菜

夏末，我们在路旁散步时，不妨找一找铁苋菜，看看它的雌雄不同的花，再顺便看看它的茎是不是像铁一样坚硬，也是一件有趣的事。

狼耙草

- 拉丁名：*Bidens tripartita*
- 英文名：Bur Beggarticks
- 俄文名：Череда трёхраздельная
- 菊科，鬼针草属

狼耙草

狼耙草是一种再寻常不过的杂草了，它还有一个俗名，叫鬼叉子。对老百姓来说，他们不知狼耙草为何物，但提到鬼叉子，他们一定会说：“哦，知道。”北大荒到了春季育秧的时候，在苗床中就有不少狼耙草，稻农还得费些力气把它们一一拔除。

菊科的狼耙草，它的花全部为筒状花。仔细观察它会发现，它的总苞片结构很有特点，它共有 2 层苞片：最外层苞片有 5 ~ 9 枚，条形或匙状倒披针形的叶状，中间还有明显的主脉；内层苞片看起来秀气多了。首先，它是膜质的，因此看起来是半透明的，薄而柔软，植物学上把类似这种质地的结构称为膜质。狼耙草的内层苞片颜色偏黄，并且边缘常带紫色，就像它绿色的茎一样，有时也常常是紫色的。

狼耙草也是草药，有一定的药用价值。它的全草入药，有清热解毒的功效，可以用来治疗咽炎、扁桃体炎，外用还可治湿疹、皮癣等。

蓝盆花

- 拉丁名：*Scabiosa comosa*
- 英文名：China Bluebasin
- 俄文名：Скабиоза венечная
- 忍冬科，蓝盆花属

如果没见过蓝盆花，真是一种遗憾。八月，当我在草地上见到了美貌的蓝盆花时，确实欣喜了好久。

蓝盆花，花如其名。不仅有着饱满的蓝紫色，它的花型也相当美丽，非常有设计感。它的花瓣有两种形态：边上的花，花瓣两唇形。下唇的裂片长长短短，仿佛是系在上面的绸带，自然地飘散下来；中央的花，相互簇拥在一起。它的花瓣，好像一个上大下小的杯筒，在顶端形成裂开的 5 瓣，它们的颜色是更浅的蓝紫色，把它们与周围的花瓣区别开来。这些中央的花，每朵花都有 4 个雄蕊，开花时伸出花冠之外。它的花药也是紫色的，颜色偏紫红色。这样的打扮，是为了吸引像蜜蜂一样的昆虫为它传粉。你看，蓝盆花不仅美丽，还充满智慧呢。

蓝盆花

蓝盆花

蓝盆花是夏秋之花，从八月中旬一直开到九月。蓝盆花并不寂寞，它开花的时候，像黄花乌头、绶草、松蒿、千里光啊，这些花都陪着它一起开放呢。这种美景也只有热爱自然的人才能看到，整天憋在屋子里，是一定看不到的！

红蓼

- 拉丁名：*Polygonum orientale*
- 英文名：Prince's feather
- 俄文名：Горец восточный
- 蓼科，萹蓄属

夏末，是萹蓄属植物的旺季。许多种萹蓄属植物都赶在这个季节开花。有的是我们常见的，有的是我们不曾留意过的。不管我们是否注意到它们，当花季来临的时候，它们就红红火火地开了起来。

有一种叫作红蓼的萹蓄属植物，相信大家都很熟悉，因为红蓼是大型种，高度达 1 ～ 2 米，开着艳丽的粉红色花穗。它的花穗紧密而粗壮，形成圆柱形。红蓼不只开粉红色花，也有开白色花的，有的红蓼的叶子上还有斑点。红蓼的叶子有些像苋菜的叶子，但要比它大很多，是萹蓄属植物里叶子较大的。它的托叶鞘顶端向

红蓼

红蓼

外反卷，形成环状的叶状物，这也是它与其他萹蓄属植物不一样的地方。

红蓼的茎在上部分枝，茎上长满了长柔毛，在日本把它叫“大毛蓼”。在我国有些省市，已经把它作为园艺观赏品种来栽培。我曾在大连一个高档小区入口处见过红蓼，多少有些意外。我们这里，随处可见的红蓼只是野生杂草的一种，作为观赏品种来栽培，可能大家还是觉得有些普通了吧。

假酸浆

- 拉丁名：*Nicandra physalodes*
- 英文名：Apple of Peru
- 俄文名：Никандра физалисовидная
- 茄科，假酸浆属

整个植物生长季节，我都不能停下去郊外的脚步。若在哪一个天气晴好的休息日，没能去郊外溜达一趟，我就坐卧不宁，总觉得缺少了什么。即便是常常去郊外，我对植物的了解还是太少，总还是遇到许多我不认识的种类。有些植物虽然看起来不认识，却总有似曾相识的感觉。

我在八月里的一天，第一眼看见假酸浆的时候就觉得很亲切。那紫色的花和绿色的叶子，以及它果萼的形状，多像我家院子里种的“姑娘儿”啊！我家院子里的“姑娘儿”，学名叫毛酸浆，它的茎和叶子上都有密密的毛，所以整个植株看起来有些灰绿色。它的黄色小花，在喉部还有紫色的斑纹，我对它简直太熟悉了。

假酸浆

小时候，几乎每天都要在院子里转上一圈儿，盼望着这些小花快快结果。我们这些小孩子在它的果实稍大一点的时候，就会把它采下来，用针尖从果实后部的环状小眼处捅进去，让里面的汁液一点点挤出来，剩下一个空空的果皮，含在嘴里把它吹起再压扁，一吹一压之间，就会发出清脆的咕噜声，真是有趣呢。

假酸浆与毛酸浆确实有很近的亲缘关系，它们同科不同属，虽然同是茄科的植物，但是毛酸浆是酸浆属的，假酸浆是假酸浆属的。假酸浆的花比“姑娘儿”更大更漂亮。它的叶子的颜色也比“姑娘儿”更绿。

毛酸浆成熟后，浆果甜美。现在东北种植西瓜的农户，也常常在地里种植大量的毛酸浆，与西瓜一起叫卖。品相好的毛酸浆要接近 10 元一斤呢。假酸浆的果实味苦，可作观赏植物或药用，有镇定、祛痰的效果。

这几年，再去原来我遇到假酸浆的地方，早就不见了它的踪影。原来的荒野都变成了一块块农田，什么时候能再见到它就不知道了，真是有些伤感啊！

箭头蓼

- 拉丁名: *Polygonum sagittatum*
- 英文名: Siebold Knodweed
- 俄文名: Колючестебельник Зибольда
- 蓼科，萹蓄属

萹蓄属植物的花序并不都是长穗状的。箭头蓼的花在茎的顶端形成头状的花序，尤其是开白花的箭头蓼，就像满天的繁星。箭叶蓼的花除了白色还有淡粉色的。

箭头蓼的名称来源于它的叶片，它的叶片整体轮廓似箭头形。我没有去摘它的叶片来看，因为它的茎上倒生着皮刺，怕被刮到。现在想起来，常常觉得缺少些什么，下次再见到它，一定摘下它的叶片仔细看看，弥补一下心中的缺憾。

箭头蓼

戟叶蓼

与箭头蓼相似的还有一种戟叶蓼。它的最顶端的花茎稀疏地长着倒刺，有些扎手。戟叶蓼也开淡粉色和白色两种花，它的头状花序却比箭头蓼大许多。戟叶蓼最大的特点还是它的戟形的叶子，见过就觉得很有趣。

还有一种类似戟叶蓼的稀花蓼，它的叶子基部也是戟形的，茎上也倒生出许多小刺，但花是紫红色的，细细的花梗也是紫红色的，上面长满了紫红色的腺毛。它的花很少，间断生长，还是比较容易识别的。

箭头蓼、戟叶蓼以及稀花蓼，它们的花期大体一致。夏日的水边，一片片箭头蓼、戟叶蓼与稀花蓼就在那里繁繁密密地长着，红的花、白的花、蓝色的水面，夏日的水滨也这般色彩缤纷。

稀花蓼

两栖蓼

- 拉丁名：*Polygonum amphibium*
- 英文名：Amphibious Knotweed
- 俄文名：Горец земноводный
- 蓼科，萹蓄属

在虎林市八五六农场场部附近有个青山水库，水库周围有森林环绕，森林里有许多植物，是我野外最爱的去处。水库的西南角因为地形平坦，常常有很多钓鱼爱好者在那里钓鱼，我也常去那里，不过我不是去钓鱼，我被吸引的是钓鱼者面前的那片水域。每年八月，那片水面就盛开着大片的两栖蓼，它绿色的椭圆形的叶子漂浮在水面上，白色的花像一个个蜡烛从水面中伸出，真是美得很呢。

萹蓄属植物大都能滨水生长，然而两栖蓼既能生在陆地上，又能完全长在水里，

两栖蓼

所以被称为两栖蓼，只是生在陆地上的长相与长在水里的不同罢了。陆生的两栖蓼，叶子披针形，茎直直地立着，没有长在水中的那样妖娆。

我更喜欢看在水面上漂浮的两栖蓼，总是有想靠近它的冲动。无奈我没有小船，也不会游泳，否则我一定上前看个究竟，它真是太诱惑我了。

两栖蓼

龙 葵

- 拉丁名：*Solanum nigrum*
- 英文名：Black Nightshade
- 俄文名：Паслён чёрный
- 茄科，茄属

从夏末开始一直到晚秋，龙葵果实不断地成熟，北大荒把龙葵叫黑天天或者黑油油。

吃黑天天可是我们小时候一大乐趣。我们在野外玩耍的时候，如果碰到了一片成熟的黑天天，就直接蹲下身来去吃，常常吃得满嘴都是紫色。如果天快黑了，我们还没过足瘾，就会隔日再到发现它的地方，并且带上缸子之类的器皿，吃饱后还采回家待以后再吃。

长大之后，上班工作、结婚生子，黑油油就离我们的生活远去了。偶尔在野外遇到它果实成熟的时候，还是有些兴奋，总是想起小时候小伙伴们集体采食的情景。

龙葵

龙葵

前两年我在野外意外地发现了果实为淡黄色的龙葵，又让我激动了一段时日。黄果龙葵的果实比起紫色的龙葵，味道更甜美。我把它栽在花盆里，没想到它一年四季果实不断，我几乎可以天天吃上几串了，真是美呀！

小米草

- **拉丁名：** *Euphrasia pectinata*
- **英文名：** Pectinate Eyebright
- **俄文名：** Очанка гребенчатая
- **列当科，小米草属**

小米草并不小，它的植株高度通常在 30 ~ 50 厘米，茎上长着白色的柔毛。同列当科其他植物一样，小米草的花也是可爱的唇形。它的花冠以白色为基调，上面有紫色的线条，下唇中央还有明亮的黄色斑块。

小米草

我喜欢小米草小巧而精致的花，也喜欢它与众不同的叶子。它的卵形的叶子边缘有牙齿样的缺刻，叶子的最底端是楔形的。如果把它立起来，就像一个莲花灯的造型。

小米草生长在山坡、草地以及灌木丛中。小米草盛开的时候，也是绶草、松蒿的花季，它们一起开在草原上，还真是热闹呢。

水 鳖

- 拉丁名：*Hydrocharis dubia*
- 英文名：Frogbit
- 俄文名：Водокрас сомнительный
- 水鳖科，水鳖属

植物界里也有称为水鳖的植物，它同样与水有关，是一种浮水植物。

水鳖在南方常见，但黑龙江同样有水鳖生存，只是比较少见。我曾在兴凯湖岸附近的水泡子当中见到过它，可是过了一年之后就找不到了，原来的水泡子已经变成了旅游点，被建筑物所覆盖了。

水鳖是水鳖科水鳖属里唯一的植物，开白色的小花。它的花是单性花，常雌雄异株，可惜我当时没有注意这些，若是再见，定要看个仔细。

水鳖

单穗升麻

- 拉丁名：*Cimicifuga simplex*
- 英文名：Kamchatka Bugbane
- 俄文名：Клопогон простой
- 毛茛科，升麻属

从完达山东部的最高峰，海拔 831 米的神顶峰放眼望去，天空是那样湛蓝，白云却不娴静，它们时刻在变换着，不知何时就变成乌黑的颜色了。远处的青黛色山峦被光线照得忽明忽暗，山崖边生长的长白鱼鳞云杉，遒劲的身姿和这山峦都已经融汇在神顶峰的画卷里。就在脚下，盛开着大片大片的野花。高大的、开着紫花的薄叶乌头，一簇簇耀眼的、开着黄花的一枝黄花，还有让人眼前一亮的开着串串白花的单穗升麻。我在 2009 年夏末来到神顶峰时，看到的就是这样的情景，这仙境般

单穗升麻

兴安升麻

的画面至今还深深印在我的脑海里。

一想起神顶峰，我就想起了单穗升麻，这也许是我第一次见到它的缘故吧。我后来在海拔较低的平原山地林中也见到了单穗升麻。单穗升麻最明显的特征，是它的白色总状花序很少分枝，总是呈现出单一的穗状，比较容易辨识。

说到升麻，北大荒八月间开花的还有一种兴安升麻，它是雌雄异株的植物。雄花花序分枝较多，花序密集，也相对大一些，整个花序像谷穗一样向下弯垂。兴安升麻的花也是白色的，在八月的林中也很闪亮。

最近听说神顶峰变样了，新建了亭子与栈道，很是壮观。我闻听后心里很不是滋味，那些原始的风景不会再有了，原有的植物也不会再有了，我甚至不敢再故地重游，还是让从前那些美好的画面继续留在我的记忆里吧。

兴安升麻

水蓼

- 拉丁名：*Polygonum hydropiper*
- 英文名：Marshpepper Knotweed
- 俄文名：Горец перечный
- 蓼科，萹蓄属

形如柳叶，叶片充满光泽，像普通萹蓄属植物一样的长穗形花序，花穗呈淡紫红色，花朵细而稀疏，时而在穗下方有间断，如果再把它的叶子摘下来闻，会感觉有辛辣味，这就是水蓼，也称辣蓼。

有记载，水蓼在我国古代曾用作调料。我对此很好奇，有机会发现水蓼时，一定要尝尝看它是怎样的辣味。

水蓼

春蓼

与水蓼很像的还有春蓼。春蓼的叶子与桃树的叶子相像，所以春蓼又称桃叶蓼。春蓼的花也是常见的紫红色。它与水蓼有一处明显区别：水蓼的苞片是绿色的，春蓼的苞片却是紫红色的。此外，春蓼的花穗密集，与水蓼也是不同的。

小时候，我家的园子里就有马齿苋。妈妈把它洗净剁碎，与面和在一起蒸馒头，蒸出的馒头黑黑的，有些酸酸的味道。然后，我们用马齿苋馒头蘸着酱油和醋，就可以吃了。至今，我还能在妈妈家见到马齿苋馒头。好像一年当中不吃一两次马齿

马齿苋

苋馒头，就少些什么。

马齿苋在我心中就是一种可以吃的、长相可爱的、亲切的草，我从没看到它开花的样子。这两年我一直留意着它的花期，终于在八月末等到它开花了。它的小花颜色黄黄的，开在叶子中间，花的直径只有几毫米，还没有长在它周围的叶子大，真是有些可怜。马齿苋同属里还有一种大家熟悉的栽培植物——大花马齿苋，俗称太阳花，它的花直径有三四厘米大小，颜色也有红、黄、白等多种颜色，而且也有重瓣的，比马齿苋惹眼多了。

马齿苋

不论马齿苋还是大花马齿苋，它们都有各自的用途，不能互相代替。野外每次见到马齿苋，还是那样亲切的感觉。马齿苋长大了，又到了可以采食的季节了，再吃上一顿马齿苋馒头，它还是我记忆中的味道吧。

荠苎

- 拉丁名：*Mosla grosseserrata*
- 英文名：Largeserrate Mosla
- 俄文名：Мосла двупыльниковая
- 唇形科，石荠苎属

野外的花花草草真是多种多样。如果不仔细看的话，可能有些小草我们永远也发现不了，就像荠苎一样，虽然生在路旁草地，我们却好像从来没见过一样。

荠苎并不是被我们踩在脚下的小草，它的高度和普通的蒿子高度差不多，有50厘米左右。它的茎分枝较多，整体向外扩展，像益母草似的。我们没有留意它，因为它的花对我们太没吸引力：几朵不大的淡紫色唇形小花，轻点在茎枝的顶端。我对它的印象，就是它的叶柄比较长，也和分枝一样开展，好像飞起来的样子。

荠苎并不是无用的杂草，它的茎、叶都可入药，生食可以除胃间酸水，捣碎还可以作为驱虫剂。

荠苎

柳叶鬼针草

- 拉丁名：*Bidens cernua*
- 英文名：Willowleaf Beggarticks
- 俄文名：Череда поникающая
- 菊科，鬼针草属

同向日葵一样，柳叶鬼针草也是菊科植物。柳叶鬼针草头状花序的形状及颜色也很像向日葵，只不过比向日葵小很多，直径只有 2 ~ 3 厘米。柳叶鬼针草高 50 厘米左右，长着近圆柱形的直立茎，并且茎的颜色常常是紫色的，茎上对生着酷似柳树的叶子，因此被称为柳叶鬼针草。

柳叶鬼针草喜欢生长在沼泽地、河边水湿地及浅水中。柳叶鬼针草开花较晚，在乌苏里江流域算是开在最后的花，花期从八月下旬开始至十月中旬结束。

柳叶鬼针草

柳叶鬼针草花开过，乌苏里江流域的大片湿草地已是萧瑟的景象，没有半点生机，漫长的冬季马上就要来临了。

尾叶香茶菜

- 拉丁名：*Isodon excisus*
- 英文名：Taillikeleaf Rabdosia
- 俄文名：Прутьевик вырезной
- 唇形科，香茶菜属

尾叶香茶菜

有些植物因其某些独特的部分而被命名，让人瞬间就能记住它的名字，尾叶香茶菜就是这样的植物。

尾叶香茶菜的特别之处在于它的叶子，它的叶子呈卵圆形，每片叶片的顶端都凹陷进去，在凹陷处的中间，有一个长长尖尖的、好似尾巴的顶齿。它的长穗样花序从叶腋间伸出来，很像我们常见的蓝花鼠尾草，它的花也是蓝色或紫色的。

尾叶香茶菜的花期较晚，要到八月下旬。还有一种叶子上长着稀疏小毛的香茶菜，因为它的花萼是蓝色的，所以叫蓝萼毛叶香茶菜。其实，蓝萼毛叶香茶菜不只花萼是蓝色的，它的花梗也大都是蓝色的。蓝萼毛叶香茶菜的花序不像尾叶香茶菜那样密集，它的花与花之间的节较长，两种香茶菜还是很容易区别的。

蓝萼毛叶香茶菜

松 蒿

- 拉丁名: *Phtheirospermum japonicum*
- 英文名: Japanese Phtheirospermum
- 俄文名: Вшивосемянник китайский
- 列当科，松蒿属

如果把松蒿作为一种普通的蒿子来看，松蒿就有些不同了。虽然松蒿有着美丽的羽状叶子，但美不过它唇形的花。松蒿的花淡粉色或深粉色，花的直径有 1 厘米大小，比普通蒿子的花大很多。我们能记住松蒿的样子，就是因为它的花大而美丽。

松蒿开花较晚，要到八月末。我是一次去虎林市月牙湖风景区看莲花的时候，在路旁的草丛里见到了松蒿。不知道它的花期有多长，看见它那么多的分枝，还有从叶腋间不断长出的花梗，我想它的花期一定不会太短吧。

松蒿

松蒿

今年松蒿开花的时候一定好好观察一下，看看它的花期究竟有多长，我真心希望它的美丽长存呢。

芡实

- 拉丁名：*Euryale ferox*
- 英文名：Gordon Eurylae
- 俄文名：Эвриала устрашающая
- 睡莲科，芡属

第一眼看到芡实，就立即被它吸引：它盾牌一样巨大的叶子平展地浮在水上，叶子的直径至少60厘米以上。叶子上面密生硬刺，似皱褶又似蜂巢。让我疑惑不解的是，芡实的叶子巨大，可紫色的花却很小，就像立在水中的爆竹，只不过顶头开裂而已。

我看了又看，除了叶子之外，它的花梗、花萼甚至子房都有尖尖的硬刺，真是一朵浑身带刺的花。

芡实是睡莲科芡属植物，俗名叫鸡头米，因为它成熟后的浆果确实太像鸡头，不仅有头甚至还有弯曲的脖子。芡实的浆果里面有百余粒种仁，食用有补中益气之功效。

芡实

芡实

伪泥胡菜

- 拉丁名：*Serratula coronata*
- 英文名：Coronate Sawwort
- 俄文名：Серпуха венценосная
- 菊科，麻花头属

夏末的草原上还是那样色彩斑斓。风毛菊、千里光、紫菀都在盛花期，当然还有我钟爱的伪泥胡菜。

伪泥胡菜名字当中的“伪”，叫人觉得有几分不雅。“伪”的意思是假，意思是它并不是真正的泥胡菜，虽然它的外表与泥胡菜很相像。名头中多了一个“伪”字，只为与泥胡菜相区别。伪泥胡菜的身形高大，1米有余，在草地中很显眼。它的花像蓟属植物一样，花冠裂片细密如线，组成一个个耀眼的紫色花。它的叶子，羽状全裂，也很漂亮。

我几次看见草地中长着的紫色花，因为距离的缘故，不能准确判断是哪种花，

伪泥胡菜

走近看，发现是伪泥胡菜。伪泥胡菜的上部分枝，因此开花可以成簇，真的很光鲜。而我更喜欢的是伪泥胡菜的花香，浓而不腻。我每次见到它，都要凑上去嗅一下，生怕错过它的花香。

秋末，我采了它的种子，准备种在我的花园里，希望它在花园里生根发芽。

山牛蒡

- 拉丁名：*Synurus deltoides*
- 英文名：Deltoid Synurus
- 俄文名：Сростнохвостник дельтовидный
- 菊科，山牛蒡属

山牛蒡

对愿意与我们为邻的牛蒡，大家都已经很熟悉了。那巨大的叶子和开花后扎人的花序头，我们都有接触。野地里还有一种与牛蒡相近的植物，叫山牛蒡。它与牛蒡是同科不同属的植物，从外表上也是有区别的。

山牛蒡喜欢生长在山野间，我们的房前屋后是见不到的，在野外见它就容易得多了。山牛蒡的茎同样粗壮并有条棱。叶子偏三角形，边缘有粗大锯齿且常常半裂或深裂，这与牛蒡的边缘浅波状的叶子不同。山牛蒡向上的叶子渐小，最后小到条状披针形。

到了秋季，山牛蒡的头状花序长成球形，球外面好像被蛛丝包裹，很是特别。这个球形的头状花慢慢长大，长出许多细管状的紫色花，山牛蒡又展现出一种新的韵味。

紫 菀

- 拉丁名：*Aster tataricus*
- 英文名：Tatarian Aster
- 俄文名：Серпуха маньчжурская
- 菊科，紫菀属

天气已经渐渐转凉，天空变得越来越明净而高远。北大荒的秋日就要来了。紫菀经过整个夏天的生长，赶在这个夏末秋初的季节，潇洒地绽放了。

我在这个季节最心仪的就是紫菀花。它挺拔地长在公路旁，那不深不浅的紫色花瓣，开得那样娇艳，我一眼就能把它认出来。比起紫菀属的其他紫菀，紫菀长得最高大，特别是下部宽如匙形的叶子，有长长的叶柄；紫菀上部的叶子则纤细如柳，仿佛就为衬托紫菀艳丽的花朵。紫菀的伞房状花序排列密集，花型也较大，挤挤挨

紫菀

圆苞紫菀

挨地长在一起，就像已经在花瓶里插好的成束花，有时它们成簇地长在一起，在远处就能看见大片的紫花，真是太亮眼了。

圆苞紫菀

这个时期开花的还有圆苞紫菀与三脉紫菀。圆苞紫菀的花颜色深紫，花的直径近 4 厘米，它的总苞片上面有暗色的中脉，茎上有紫色的条纹，它没有紫菀那样高大，茎上部的叶子呈长椭圆形，下部的叶子有稀疏的锯齿，与紫菀差别很大。圆苞紫菀的伞房状花序稀疏，不像紫菀那样排列紧密，二者还是有很大区别的。

三脉紫菀的花比紫菀和圆苞紫菀都小得多，它只有 10 余枚舌状花瓣，不像紫菀与圆苞紫菀那样有 20 余枚舌状花瓣，三脉紫菀花的直径近 2 厘米，它的叶子边缘从上到下几乎都有 5 对左右的浅锯齿，与其他紫菀很不一样。

紫菀花的花期长达一个月，在九月的秋天，能见到它们开花。过了九月，田野上就基本没有什么花了，瑟瑟的秋风把它们都吹败了。

三脉紫菀

龙舌草

- 拉丁名：*Ottelia alismoides*
- 英文名：Waterplantain Ottelia
- 俄文名：Оттелия частуховидная
- 水鳖科，水车前属

龙舌草是难得一见的植物，因为它是沉水植物，除了花期时花茎伸出水面开花，其余时间它的叶片都沉在水里。

从植物分类上，龙舌草属水鳖科水车前属，在黑龙江水车前属植物只有这一种。龙舌草常常生长在湖泊、水塘、路边的沟渠中，水质一定要清澈透明，不被污染，龙舌草才能生长。因为对生存环境的要求，所以龙舌草并不十分常见，它的花期也很晚，要九月中下旬才能开花。

龙舌草

龙舌草

我一直在寻找龙舌草，最后竟然在离我家不到10公里的地方找到了它。正值它的花期，我见到的这几株龙舌草花都是淡淡的紫色。当然，龙舌草花还有白色和淡蓝色的。龙舌草花有3枚花瓣，花瓣从一个边缘具有波状皱褶的佛焰苞中伸出。龙舌草的叶子很像泽泻的叶子，俄语名字直译为“像泽泻的水车前”。

龙舌草叶形秀美，观赏性强，是室内水族箱里首选的观赏植物，但养殖起来有一定的难度。

龙舌草

秋季野花

autumn wild flowers

瘤毛獐牙菜

- 拉丁名：*Swertia pseudochinensis*
- 英文名：False Chinese Swertia
- 俄文名：Офелия бледная
- 龙胆科，獐牙菜属

如果你走进草原的话，就会发现它是多么的不寻常。从春到秋，各种各样的花草都在这里生长，种类之多，足以令人惊愕。在密山市裴德镇北秀公园的一片草地上，我初步算下来，就有近百种，有些花草还是著名的中药材。八月末，这里盛开着一种紫色的像龙胆样的小花，它有 5 个尖尖的花瓣，花瓣中间有一个凸起的形似牛角的花柱，它就是瘤毛獐牙菜，中药名为当药。

瘤毛獐牙菜是龙胆科獐牙菜属植物。龙胆科植物的叶子一般为对生，花冠合瓣，所以瘤毛獐牙菜看起来就与常见的龙胆相似，只不过小了一些。仔细看，瘤毛獐牙

瘤毛獐牙菜

菜长得还很俊俏呢。它的合瓣花冠是紫色的，上面有条状深紫色的脉纹。在花冠的底部长出一团淡紫色的柔毛样流苏，流苏边缘有瘤状的突起，据此有了瘤毛獐牙菜这个名字，虽然有些绕口，但并不影响我们欣赏它独特的魅力。

瘤毛獐牙菜

兴安一枝黄花

- **拉丁名**: *Solidago dahurica*
- **英文名**: Dahurian Goldenrod
- **俄文名**: Золотарник даурский
- **菊科，一枝黄花属**

八月，是北大荒的夏末。中旬过后，早晚已感觉丝丝凉意。兴安一枝黄花的花季就从八月末开始，持续一个月左右，成为北大荒九月为数不多的野花之一。毕竟九月、十月加在一起，还能开花的野花也只有 20 余种了。

就如它的名字那样，兴安一枝黄花的花枝细长，远处看就是一枝枝细长的黄色花串。它的圆锥形花序自上而下渐次开放，每朵花虽然微小，但簇在一起就很抢眼了。

兴安一枝黄花

兴安一枝黄花

兴安一枝黄花是北大荒最常见的一枝黄花属植物，在林缘以及山坡草地都能见到它靓丽的身影。

白八宝

- 拉丁名：*Hylotelephium pallescens*
- 英文名：White Stonecrop
- 俄文名：Очитник бледнеющий
- 景天科，八宝属

每年的八月末、九月初是白八宝的盛花期。因为它的花瓣是白色的，又名白花景天，它是景天科八宝属常见的植物之一，也是景天科开花较晚的种类。

它的生境并不特别，山坡、湿草地以及林中草地都是它能生活的环境。同所有景天科植物耐旱的特性一样，白八宝同样抗旱。只要有一点土壤、有一点水分，白八宝就能活下来，且自播繁殖的能力很强。我曾试着栽培它，结果它不需要我的照顾，就已经到处生根发芽了。

白八宝

香薷

- 拉丁名：*Elsholtzia ciliata*
- 英文名：Common Elsholtzia
- 俄文名：Эльсгольция реснитчатая
- 唇形科，香薷属

香薷

我家菜园的杖子边上，香薷总是茂盛地生长着，伴着园内的蔬菜一起长大。

香薷是儿时常见而又印象深刻的植物。它的穗状花序偏向一侧，开满密密麻麻淡紫色的小花，我觉得像趴在花茎上的毛毛虫，竟对它有几分生畏。香薷散发出一种特殊的气味，我总是经不住诱惑，大胆地将它的花摘下，放在鼻子底下闻，它不是那种可以轻易形容的花香，我不好形容它，但它的气味并不令人生厌，我闻过之后，总有一种满足感。

香薷株高 30 ~ 50 厘米，北大荒的九月是它的盛花期。香薷的全草晒干后入药，能治疗头痛发热、腹痛呕吐等症。

最近看资料，才知道香薷的叶子也有浓香。我寻思着，可否把它也视为一种香草呢？晒干后制成香囊试试，也许会有不寻常的效果吧。

水棘针

- 拉丁名：*Amethystea caerulea*
- 英文名：Skyblue Amethystea
- 俄文名：Аметистея голубая
- 唇形科，水棘针属

只要是植物生长季，我在郊外总会有不寻常的收获。每次都能遇到我不曾见过的花草，虽然很多是我叫不出名字的，但我知道它们都是有名字的。野外见到这样的植物，我就用相机把它们拍下来，然后回家慢慢鉴别，我都是以这种方式认识很多植物的，就像唇形科的水棘针。

水棘针又称蓝萼草，是个很不起眼的田间杂草。它的适应性强，在田间、荒地、山坡、旷野，到处都可以生长。水棘针的高度将近 1 米，并不矮小，但它蓝色的唇形花瓣却很小，需仔细看才能看清楚。水棘针的茎四棱形，叶片有 3 个披针形的深裂，

水棘针

叶片的边缘有粗锯齿。水棘针的分枝很多，从底部一节节地展开，组成一个类似金字塔的造型，也是很优雅呢。

我在野外寻找和辨别植物已经 10 多年了，在这期间，这些不知名的小花小草一次次在我的生活里鲜活起来，它们与我来说再也不都是无名小花了。我真的感谢它们，认识它们对我来说真的是极大的乐趣。

亚菊

- 拉丁名：*Ajania pallasiana*
- 英文名：Common Ajania
- 俄文名：Аяния Палласа
- 菊科，亚菊属

亚菊

秋天真是菊花的世界，菊科植物特别多：白色及粉色的各种风毛菊，紫色为主不同类别的紫菀，以及黄色的被人们餐桌飨食的菊科野菜等。九月末还能见到的野花，一定会有菊科的花，亚菊便是九月末还在盛开的菊科植物。

亚菊的株高40厘米左右，并不十分惹眼。它单个的花也很小，直径只有 5 毫米左右，但那艳黄色的花团犹如一个个黄色小球，紧紧地簇拥在一起，点缀在裸色岩石旁，在秋的季节向路旁经过的我们招手。那样灿烂的颜色，让我们瞬间心动。如果你凑近去闻它的花香，会感觉有一丝甜甜的蜜香味。

亚菊在东北各省都有分布，在黑龙江东南部常见。亚菊比较耐旱，所以常常生长在上山的山道旁，在岩石及石砬子附近很容易看到它的身影。

尼泊尔蓼

- 拉丁名：*Polygonum nepalense*
- 英文名：Nepal Knotweed
- 俄文名：Головкоцветник непальский
- 蓼科，萹蓄属

我对长在水中或滨水生长的植物，总是情有独钟。那一池温润的河水滋养着它们，它们仿佛更加灵秀了。当我在水边看见尼泊尔蓼的时候，同样是这样的感觉。

尼泊尔蓼很有特点，它的花序头状，与普通穗状的萹蓄属植物明显不同，因此尼泊尔蓼又常被称为头状蓼。尼泊尔蓼的花不仅有白色的，还有淡粉色的，开花时都在茎及分枝的最顶端，还是很容易认出的。尼泊尔蓼的大部分叶子是卵状三角形的，叶面上常常有黄色腺点，也很有趣。

尼泊尔蓼

多枝梅花草

- 拉丁名：*Parnassia palustris* var. *multiseta*
- 英文名：Wideword Parnassla
- 俄文名：Белозор болотный
- 卫矛科，梅花草属

北大荒秋季的湿草地，草色已经泛黄，秋的味道正在漫延。草地中该没有什么花了吧，我总是这样想。一个晴朗的秋日，怀着这个想法，我又一次来到了湿草地，来到了那片在五月里盛开着美丽朱兰的湿草地。

眼前的景象让我大跌眼镜。这片湿草地完全不是我想象中的模样，还有花儿在盛开！这花不是别的，就是我一直想寻找的梅花草！

梅花草不仅有好听的名字，还有形如其名的靓丽外表。最让我沉醉的还是梅花

多枝梅花草

草那精致的白色花瓣。梅花草的 5 枚花瓣，就如童年在画纸上信手涂来的 5 个花瓣的小花一样。那白色花瓣如丝缎般柔软，从基部发出的 10 余条脉纹，均匀地分布在花瓣上，把花瓣衬托得更有韵味了。

梅花草非常喜湿，受着湿地的润泽，梅花草在九月中旬仍然绿意盎然，不论是花基部的叶子还是茎部的叶子，都是油油的绿，与周遭的草色形成鲜明的对比。

秋天来了，梅花草开花了，这是梅花草给秋天的献礼。

多枝梅花草

三花龙胆

- 拉丁名：*Gentiana triflora*
- 英文名：Threeflower Gentian
- 俄文名：Горечавка трёхцветковая
- 龙胆科，龙胆属

除了早春开花的笔龙胆之外，大部分龙胆都在九月开花，所以在我眼里，龙胆开花的时候，秋天就来了。

我对龙胆有一种特殊的感情，不仅是因为喜欢它的紫色的花，而且龙胆也是我最早认识并能正确叫出名字的植物。龙胆是一种草药，称为龙胆草，根部入药。小时候常和哥哥姐姐去挖草药，见到龙胆就像见到宝贝一样，小心翼翼地挖出它全部的须根，回家后把泥土洗净晒干，就可以拿到场部的收购站卖钱，贴补家用。那个

三花龙胆

龙胆

年代，场部周围的野地里就有很多龙胆，而今没有了野地，龙胆也少了。现在看见龙胆更像看见宝贝一样，当然不会再去采挖了，我们懂得了尊重自然的道理，更多要做的是千方百计地去保护它们。我也学会了欣赏并且认识它，乐此不疲地去区分它不同的种类，享受着慢慢了解它的乐趣。

北大荒秋季常见的龙胆属植物有三花龙胆、龙胆等。三花龙胆的叶子条形，它的叶子有 1 ~ 3 条脉。它的花除了生在茎顶端之外，还生在叶腋，而且茎顶端多花，常有 3 ~ 7 朵之多，花冠顶端的裂片钝圆。

龙胆又叫粗糙龙胆，它的叶为卵状披针形，有 3 ~ 5 条中脉，且叶缘及中脉粗糙。它的茎常带紫红色，花朵簇拥在枝顶及叶腋处，有时一部分花还是白色的，与蓝紫色掺杂在一起，成为更具观赏性的龙胆珍品。

又到了醉人的秋季，草原里的龙胆花开依旧，它们像一颗颗紫色的宝石，在草地中散发出夺目的光芒……

龙胆

钝叶瓦松

- 拉丁名：*Orostachys malacophylla*
- 英文名：Obtuseleaf Orostachys
- 俄文名：Горноколосник мягколистный
- 景天科，瓦松属

想看钝叶瓦松的花，可要有点耐心。整个夏季只能看到它莲座般的叶子，只有到了秋季，大概九月中下旬的样子，钝叶瓦松才会长出塔形的花序，自下而上地开花。

钝叶瓦松的叶子没有尖头，这也是钝叶瓦松的主要识别特征。另外，钝叶瓦松的花是淡黄色或白中带绿，而且它的花药也是白色的，这也是钝叶瓦松区别其他类瓦松的特征之一。

钝叶瓦松主要生长在石山坡、砂岗或沙土地上，想要看到它，一定要在这些地方寻找，如若不然，就白费力气了。

钝叶瓦松

参考文献

[1] 汪劲武 . 常见野花 [M]. 北京: 中国林业出版社, 2009.

[2] 汪劲武 . 常见树木 [M]. 北京: 中国林业出版社, 2007.

[3] 汪劲武 . 植物的识别 [M]. 北京: 人民教育出版社, 2010.

[4] 郭贵林, 邢启妍 . 黑龙江植物检索表 [M]. 哈尔滨: 黑龙江人民出版社, 1990.

[5] 董世林 . 植物资源学 [M]. 哈尔滨: 东北农业大学出版社, 1994.

[6] 赵家荣, 刘艳玲 . 水生植物图鉴 [M]. 武汉: 华中科技大学出版社, 2012.

[7] 周繇, 朱俊义, 于俊林 . 中国长白山食用植物彩色图志 [M]. 北京: 科学出版社, 2012.

[8] 周繇 . 中国长白山植物资源志 [M]. 北京: 中国林业出版社, 2010.

[9] 克里斯托弗·布里克尔 . 世界园林植物与花卉百科全书 [M]. 杨秋里, 李振宇, 译 . 郑州: 河南科学技术出版社, 2012.

[10] 易磊, 牛林敬 . 本草纲目彩色图典 [M]. 北京: 人民军医出版社, 2012.

[11] 肖培根, 杨世林 . 实用中草药原色图谱(四)草药类 [M]. 北京: 中国农业出版社, 2002.

[12] 刘春生, 王海 . 中草药识别和应用图典 [M]. 北京: 化学工业出版社, 2008.

[13] 冯富娟 . 植物野外实习手册 [M]. 北京: 高等教育出版社, 2010.

[14] 李敏, 周繇 . 东北野外观花手册 [M]. 郑州: 河南科学技术出版社, 2015.

[15] 黄丽锦 . 野花 999 [M]. 北京: 商务印书馆, 2016.

[16] 王枝荣 . 中国农田杂草原色图谱 [M]. 北京: 农业出版社, 1996.

[17] 柳宗民 . 杂草记 [M]. 成都: 四川文艺出版社, 2017.

[18] 海克·赫尔曼, 安德里亚斯·茨威格勒 . 野生花卉 [M]. 王勋华, 译 . 武汉: 湖北教育出版社, 2009.

[19] 安·博娜 . 草本圣经 [M]. 王立奎, 译 . 哈尔滨: 北方文艺出版社, 2009.

[20] 朱棣，周自恒 . 中国的野菜 [M]. 海口：南海出版公司，2010.

[21] 车晋滇 . 野菜鉴别与食用手册 [M]. 北京：化学工业出版社，2012.

[22] 冯宋明 . 拉英汉种子植物名称 [M]. 北京：科学出版社，1983.

[23] 尚衍重 . 药用种子植物汉拉日俄英名称 [M]. 北京：中国医药科技出版社，2007.

[24] 唐山市曹妃甸区政协文史委 . 曹妃甸野生植物大观 [M]. 北京：新华出版社，2019.

[25] 国家重点保护野生植物名录（第一批和第二批）. 中国植物主题数据库 [EB/OL]. [2020-11-11]. http://www.plant.csdb.cn/protectlist.

[26] 中国数字植物标本馆 [EB/OL]. [2020-11-11]. http://www.cvh.ac.cn/.

[27] 俄罗斯植物在线 [EB/OL]. [2020-11-11]. http://www.plantarium.ru/page/search.html.

中文名索引

春季野花

四月

五月

夏季野花

六月

七月

八月

秋季野花

九月

英文名索引

A

B

E

F

G

H

I

J

K

L

M

N

O

P

R

S

T

U

V

W

X

Y

Z

俄文名索引

В

Г

Д

Ж

З

И

К

Л

М

Н

О

П

Р

С

Т

Ф

Х

Ч

Ш

Щ

Э

Я

学名索引

A

B

C

D

E

F

G

H

I

J

K

L

M

N

O

P

Q

R

S

T

后记

2005年，看着日渐消失的野花，我萌发了拍摄和记录北大荒野花的想法，从春季开放的第一朵花到秋季最后一朵，我想把它们都记录下来，并且叫出它们的名字，因为我知道那些所谓的无名小花都是有名字的。

时光荏苒，没想到完成这个心愿耗费了我15年的时间。陡峭的山崖，蚊虫的叮咬，这些都不算什么。2013年，在八五六农场大青山拍摄时，我不幸被毒蛇咬伤，命悬一线，两个多月不能正常行走；2017年我患上乳腺癌，又不得不停下脚步去医院治疗。回想野外考察的点点滴滴，虽然辛苦，但给我带来的是更大的快乐，如果我的人生可以重新来过，我还会乐此不疲，无怨无悔！

一个人的力量是有限的。我邀请摄影爱好者宋智礼老师（黑龙江省虎林市检察院退休干部）、哥哥于青钢（律师）与我一同拍摄，共拍摄了数万幅照片，从中选取了880余幅，呈献给各位读者。

在野外考察期间，东北林业大学郑宝江老师、吉林通化师范学院周繇老师和于俊林老师、北京农学院陈之欢老师以及北京市西城区园林绿化局彭博老师在植物分类等方面都对我提供了很大帮助，尤其是周繇老师和于俊林老师以及中国科学院植物研究所徐克学老前辈在三江平原与我一起考察，现场给我指导，唐山市曹妃甸区农林专家张玉江老师热心为本书校稿，提出了许多具体的修改意见，在此对他们表示衷心的感谢！

此外，我还要特别感谢中国科学院植物研究所刘冰博士为本书植物分类做最终审定。

如果还要感谢的话，我想感谢北大荒这片生我养我的黑土地，感谢这片土地上孕育出来的花花草草！

作为一名业余的植物分类爱好者，我的专业水平有限，书中难免出现差错和疏漏，恳请读者批评指正！

于宝玲

2020年3月

春季湿地塔头景观

春季兴安杜鹃景观

北大荒水天一色的夏日

夏季湿草甸景观（千屈菜与旋覆花群落）

北大荒秋色

冬季雾凇景观